Guía de rapaces diurnas ibéricas
Primera edición, 2024

Este libro ha recibido una ayuda por parte del Departamento de Presidencia, Interior y Cultura del Gobierno de Aragón.

Ilustración de portada / Halcón peregrino

Ilustración de contraportada / Águila calzada

© Textos / Miguel Ángel Vallés Cano

© Ilustraciones / Santiago Osácar

Diseño y maquetación / equipo gráfico de PRAMES

Edita / prames www.prames.com
Camino de los Molinos, 32 • 50015 Zaragoza

ISBN / 978-84-8321-595-1

Depósito legal / Z 900-2024

Imprime / imprenta Mundo

Guía de rapaces
DIURNAS IBÉRICAS
Para conocerlas y diferenciarlas

Miguel Ángel Vallés Cano

Ilustraciones Santiago Osácar

Guía de rapaces
DIURNAS IBÉRICAS
Para conocerlas y diferenciarlas

A mis padres, Pepa y Miguel,
a quienes todo se lo debo.

A mi querida Virginia,
compañera de vuelo.

A mis hijos Pilar, Miguel y Jorge,
a quienes tanto quiero.

A María y Javier, mis nietos que
tantas alegrías nos dan.

índice

índice

*Apuntes de campo a lápiz de
accipítridos y falcónidos*

PRÓLOGO

Me pide Miguel Ángel, el autor, que le redacte un prólogo a esta, su entrañable obra; obra paralela a su vida que, hasta hace no mucho, poco ha tenido que ver con el mundo de las aves rapaces. Y como me pilla así, a contrapluma (en este caso) dudo sobre si me va a salir un prólogo, una introducción, un prefacio, un preámbulo o nada de lo anterior. Así que mejor me dedico a ir al grano, mucho más como amigo que como experto; cosa que estoy muy lejos de ser.

Los que conocemos a Miguel Ángel sabemos de su exquisita manera de abordar todo aquello que asume como objetivo. Poco más que decir a los que sois sus pacientes, sobre su contrastada excelencia profesional en el terreno de la estomatología. Y si sois sus amigos conoceréis su casi obsesiva capacidad para que todo lo que hace sea y esté cómo y dónde deba ser o estar. No todo el mundo clasifica sus perfectos señuelos de pesca, fabricados por él mismo –claro– en cajitas individuales con el nombre científico del insecto al que imitan. Y así todo.

Desde hace ya algún tiempo le vino el interés por las rapaces; posteriormente y sin darnos cuenta, nos viene con que ha obtenido la acreditación como juez de cetrería. Así que no tardé mucho en tener claro que terminaría haciendo "algo" como lo que aquí se acompaña.

Estamos ante una obra eminentemente personal y muy concreta; tanto que no puede engañar, ya desde su propio título. Aquí se habla de conocer y diferenciar las rapaces diurnas ibéricas; su alcance no puede estar más claro. Y es una obra personal, la que el autor ha querido hacer: esta es el ave, así se llama, así la llaman por ahí, esto mide, esto pesa, así vive, aquí vive, esto come, así caza, así vuela, esta es su voz, así se reproduce, estos son sus problemas… Y todo ello en plan didáctico, cual es su intención, directo y sin concesiones al fárrago.

No estamos ante una de esas guías tan académicas, exhaustivas y precisas, fiscalizadas hasta la extenuación por especialistas en ornitología ávidos de encontrar ese matiz que los lleva a sentenciar, más allá de cualquier duda, que esta guía es mejor que esta otra. No, no se trata de ese tipo de publicaciones, por otra parte muy respetables. Esta es la guía que Miguel Ángel ha querido ofrecernos, para conocer lo esencial en la materia que propone en su título y para conocerlo de forma rápida, clara y concisa.

Para mayor deleite del lector, el autor ha tenido la brillante idea de ilustrar esta guía con las deliciosas pinturas y bocetos de otro buen amigo: Santiago Osácar. Un artista–naturalista (en el orden que Vd. prefiera), cuya obra, prolija y de larga trayectoria, muchos de ustedes ya conocerán de largo; dibujos, pinturas y esculturas de una calidad fuera de toda discusión. En este caso, una vez más no busque el precitado lector esas ilustraciones cuasi fotográficas con detalles imperceptibles de plumas, tarsos, picos, etc., propios de las guías académicas que cito arriba. Disfrute, más bien, de estos apuntes del natural, que tanto recuerdan la obra de aquel Iván Fernández que ilustrara con tanto acierto los cuadernos de campo de Félix Rodríguez de la Fuente. Y disfrute de estas rapaces luminosas, pintadas con trazos vivos, rotundos, aparentemente descuidados pero muy precisos a la hora de reflejar lo sustantivo de cada ejemplar. Muchas imágenes van más allá de una ilustración pedagógica de manual; muchas son cuadros, verdaderos cuadros.

Es esta una oportuna aportación para quien sienta el deseo de comenzar el conocimiento de unos seres apasionantes, que se enfrentan en el momento actual a algunas de las amenazas más agresivas de los últimos tiempos. Aún no del todo abandonada la nefasta práctica de salpicar los campos y montes con cebos envenenados para acabar con las "alimañas", aún no erradicada totalmente la triste inercia de pegar tiros a todo lo que vuela, aparecen nuevas sombras sobre el futuro de las aves en general y, especialmente, sobre aquellas que presiden la pirámide trófica. Pérdidas masivas de hábitat, uso indiscriminado de pesticidas, electrocuciones, colisiones con cables por millares o gigantescas aspas rodantes por doquier comprometen trágicamente el futuro de estas maravillosas especies, con las que habíamos convivido desde mucho antes de que aprendiésemos a hacer fuego.

Disfrutemos pues de esta obra, como digo tan personal, tan cariñosamente concebida e ilustrada, que permite la iniciación al conocimiento de las rapaces diurnas ibéricas en sus aspectos fundamentales, de manera cómoda, inmediata y sumamente asequible.

Y agradezcamos la suerte de tener cerca a esta gente tan brillante en su actividad profesional y su dedicación familiar, que encuentran ese tiempo que la mayoría no sabemos encontrar, para dejar un buen rastro tras su paso por este mundo y hacer otras cosas importantes y valiosas para los demás.

JAVIER MARCO MARTÍNEZ (Dirección Ebronatura, División Fauna Silvestre)

Alimoche en peñasco

Pareja de milanos negros

MANEJO DEL MANUAL

Antes de empezar el estudio de cada especie, se realiza una sucinta introducción de la familia, destacando sus características más específicas.

Las diferentes especies están ordenadas por familias. Estas vienen representadas en distintos colores, tanto en el texto como en los cuadros, así:

ACCIPÍTRIDOS
en rojo

FALCÓNIDOS
en verde

PANDIÓNIDOS
en azul

Tras el nombre común se hace una somera descripción de la rapaz, destacando algunos rasgos principales de la especie que de entrada la identifiquen.

A continuación se empieza con la exposición de cada uno de los taxones. Se clasifica en la clase, orden y familia que le corresponde y se indica el nombre científico, en cursiva, y el nombre de la primera autoridad en la materia que nombró a la especie y el año en que lo realizó; si está entre paréntesis nos indica que previamente estaba clasificada en distinto género. También los nombres en inglés, portugués, catalán, euskera, gallego y el nombre vernáculo aragonés.

Se sigue con sus principales características:

LONGITUD
La distancia que va desde la punta del pico al extremo de la cola, expresada en cm.

ENVERGADURA
La distancia que existe entre las puntas de las alas, estando estas completamente extendidas, expresada en cm.

PESO
Peso corporal, indicado en gramos (g) o kilogramos (kg) dependiendo del tamaño del ave.

Sexo
Se indica si existe igualdad o diferencia en el color del plumaje. La relación del tamaño entre la hembra y el macho. Y los porcentajes de DSI (dimorfismo sexual inverso), talla y peso entre los sexos.

Longevidad
Los años de esperanza de vida media o máxima.

Vida social
Se indica la relación social de la especie: grupos familiares, bandadas o colonias, conducta solitaria...

Ubicación
Indica la localización, haciendo referencia principalmente a Europa.

Movimientos
Pueden ser:
Sedentarios o residentes: aquellas aves que están asentadas en un lugar todo el año.
Migratorios: ejemplares que realizan viajes periódicos, teniendo áreas estivales e invernales. Indicando a que área pertenece España.

Población y tendencia
Población: hace referencia a la cantidad de aves existentes en España: abundante, común, poco común, escasa, muy escasa.
Tendencia: incremento, estable, declive, incierto.

Estado de amenaza
Hace referencia a la conservación de la especie en España. La información más completa sobre las amenazas que se ciernen sobre las aves se recopiló en el último Libro Rojo de las Aves de España de 2021 (hay alguna referencia al de 2004):
Especies con amenaza:
◦ En peligro crítico (CR): riesgo de extinción extremadamente alto en su estado natural.
◦ En peligro (EN): riesgo de extinción muy alto en su estado natural.
◦ Vulnerable (VU): riesgo de extinción alto, si los factores de amenaza continúan actuando, a medio plazo.
Especies en situación cercana a la amenaza:
◦ Casi amenazado (NT): existe una población pequeña y podría correr riesgo de extinguirse.

Especies fuera de peligro:
○ Preocupación menor (LC): no existe riesgo de extinción de la especie.

Luego se hace referencia a la lista roja de Especies Amenazadas de la UICN (Unión Internacional para la Conservación de la Naturaleza) versión 3.1 a nivel mundial.

A continuación, una serie de apartados tratan algunos aspectos específicos de la especie y nos la contextualizan para ayudar a su correcta identificación.

RASGOS DE CAMPO
Texto descriptivo que señala los rasgos más importantes y característicos de la morfología y del color del plumaje para la identificación del ave. Detallando, generalmente, la cabeza con el pico, parte superior e inferior del cuerpo, alas, cola y garras. También un apunte sobre juveniles.

HÁBITAT
Se indica el lugar donde vive y caza la especie:
○ Montañas y parajes rocosos.
○ Espesuras y bosques.
○ Matorrales y brezales.
○ Terrenos abiertos y llanuras.
○ Masas de agua (costas, estuarios, lagos, embalses y ríos).

DISTRIBUCIÓN GEOGRÁFICA
Un mapa en color nos indica la distribución de la especie en España. Existe el siguiente código de colores:

VERDE: áreas donde la especie es residente todo el año.

AMARILLO: áreas que ocupa la especie en verano.

AZUL: áreas de distribución en invierno.

GRIS: en paso.

LA CAZA
Tipo de presas. Métodos y técnicas de captura.

ALIMENTACIÓN
Se indica el régimen alimenticio:
○ Mamíferos medianos
○ Mamíferos pequeños

- Aves (ornitófago)
- Reptiles
- Anfibios
- Peces (ictiófago)
- Insectos voladores
- Insectos terrestres
- Carroña

REPRODUCCIÓN

Se hace referencia al cortejo nupcial. Se señala si el nido es ocupado o propio. La forma y ubicación del mismo. El número de nidadas al año, el número de huevos de la puesta, su tamaño y su fecha aproximada, así como los días de incubación. También los días que los pollos permanecen en el nido.

VUELO

De gran importancia para la identificación del ave. Los aleteos pueden ser superficiales o profundos, lentos o rápidos. Observar si el vuelo es ágil o pesado. Comprobar si las alas están planas o arqueadas o anguladas. Si existen planeos, picados, y si realiza giros y quiebros...

Existe un esquema donde se representa el tipo de vuelo:
El vuelo liso o planeo se representa con una línea horizontal.
Los aleteos se representan por líneas hacia arriba y abajo: indicándonos la profundidad, velocidad y regularidad.

SILUETA EN VUELO CORONADO

Se describe la silueta y el plumaje que se observa de la rapaz en vuelo.

VOZ

Descripción de los reclamos o cantos territoriales de la especie.

ESPECIES SIMILARES POR SU ASPECTO FÍSICO

Y sus principales diferencias.

PRINCIPALES AMENAZAS

Haciendo referencia al hábitat, presión demográfica, nidificación, nutrición, persecución, predación natural y otras.

Pág. siguiente, el águila real puede ser considerada la reina de los cielos ibéricos

ACCIPÍTRIDOS

Águila imperial ibérica

Familia *Accipitridae* (**accipítridos**)

El tamaño de estas rapaces diurnas es muy variado, va desde el pequeño gavilán hasta el enorme buitre negro.

Para su estudio e identificación, ordenaremos en grupos las diferentes aves de esta familia que habitan en España.

ÁGUILAS
Águila real, águila imperial, águila calzada y águila-azor perdicera.

Su magna cabeza está proyectada hacia delante (es alargada). Tienen ojos grandes y vista excepcional. El pico, poderoso y ganchudo, sin diente. La foseta nasal, alargada. Sus alas de punta ancha son muy largas.

Las patas, con plumas. Sus fuertes garras, con dedos cortos, poderosos, y con uñas curvas y afiladas.

Existe diferencia de tamaño según el sexo, el macho más esbelto y la hembra mayor, no existiendo diferencia en la librea entre sexos.

Cazadores del matorral, montañas y parajes rocosos mediterráneos.

Su alimentación se basa en los mamíferos, aves y reptiles. Con mucha especialización y adaptación morfológica.

Son muy buenas voladoras.

Aunque generalmente silenciosas, son bastante vocingleras en época de celo. Las paradas nupciales son espectaculares. Muy fieles en utilizar el mismo territorio de cría. Se da el fenómeno de cainismo.

ÁGUILAS CULEBRERAS
Águila culebrera.

Cazadora especializada del matorral mediterráneo. Sus presas son casi exclusivamente reptiles ofidios.

Su plumaje, muy espeso. Patas sin calzas. Sus tarsos, con gruesas escamas que le protegen de posibles mordeduras. Su excelente vista y la capacidad de cernirse le permiten localizar a sus escurridizas presas.

Sexos similares.

Anidan sobre árboles.

RATONEROS
Busardo ratonero.

Similares a las águilas, aunque con cabeza más corta y pico menor. Sus alas, anchas y proporcionalmente más cortas que las de las águilas. Su cola, ancha y redondeada. De aspecto pesado.

Sexos similares en librea, pero con algo de DSI.

Viven en zonas arboladas.

Realizan el nido sobre árboles y, en ocasiones, en acantilados.

Se elevan a gran altura en giros anchos. Vuelo de planeo.

ABEJEROS
Abejero europeo.

Tienen el pico corto y curvo. Sus patas son pequeñas, con garras poco fuertes, pues están adaptadas a su alimentación habitual: los insectos, tanto larvas como adultos, principalmente himenópteros. Ojos de color amarillo.

Viven en zonas boscosas, sobrevolando prados y matorrales.

Anidan en árboles, adecuando nidos viejos de córvidos.

Es característica su migración en bandos.

AGUILUCHOS
Aguilucho lagunero, aguilucho pálido y aguilucho cenizo.

Tienen cuerpo, cola y alas largas. Estas son estrechas y ligeramente angulosas, como los milanos. En el vuelo de planeo es típica su forma en V. Una característica específica son sus largas patas, con dedos cortos y afiladas uñas que les permiten capturar sus presas en el matorral.

Aves con proporciones alares respecto al peso del cuerpo óptimas, convirtiéndolas en extraordinarias voladoras con el mínimo gasto energético.

Marcado dimorfismo sexual, en cuanto al color del plumaje y al tamaño.

De aspecto ligero y grácil.

Realizan el nido en el suelo.

ACCIPÍTERES
Azor común y gavilán común.

Su cabeza es alargada, con un pico ligeramente dentado que no sirve para matar a sus presas, sino para alimentarse. Foseta nasal alargada. Tienen alas cortas, anchas y redondeadas. Su cola, larga. Esta anatomía les permite vuelos de extremada agilidad y habilidad en la espesura. Es característica su maniobrabilidad. Sus garras, poderosas, a medio camino entre las del águila y el halcón, le permiten capturar una amplia variedad de presas, roedores y aves.

Los azores poseen garras potentes. Los gavilanes tienen largos dedos con almohadillas para capturar aves pequeñas.

Las hembras son mucho mayores.

Aves forestales. Son los cazadores por excelencia de la espesura. Utilizan desplumaderos fijos en el interior del bosque.

En su vuelo, de baja cota, se alternan el rápido batir de alas con los cortos planeos.

Nidifican sobre árboles.

Rapaces que gustan pasar desapercibidas, colocándose en sus posaderos de espaldas al sol con el pecho hacia el bosque. Gracias a su librea, cualquier animal que mire hacia el exterior del bosque verá una silueta desdibujada, de igual manera que, cuando se mire de fuera hacia dentro, el color oscuro del dorso se confundirá con las sombras. Son los fantasmas y reyes del bosque.

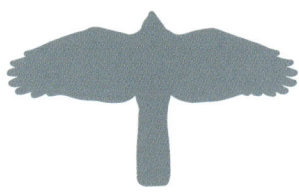

MILANOS
Milano real y milano negro.

El pico solo se utiliza para alimentarse, no para matar a las presas. Sus garras no están excesivamente desarrolladas.

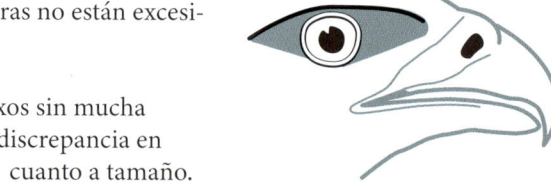

Sexos sin mucha discrepancia en cuanto a tamaño.

Las dos especies ocupan biotopos diferentes: el milano real es un todo terreno del matorral mediterráneo; el milano negro depende de masas de agua.

Su alimentación es muy variada: desde carroña (terrestre o acuática) hasta pequeños roedores (rata de agua), aves, reptiles, anfibios y desechos (por ello los podemos ver cerca de poblaciones).

Su nido lo construyen en árboles y lo tapizan con trapos, papeles, plásticos... Suelen vivir en pequeños bandos.

Su vuelo es extremadamente ágil y elástico.

Su silueta, con alas largas y angulosas, aunque se asemeja a la de los aguiluchos se puede diferenciar por su característica cola ahorquillada. Son las únicas rapaces europeas con la cola escotada.

BUITRES
Buitre leonado, buitre negro, alimoche y quebrantahuesos.

Nuestros buitres son rapaces de gran tamaño. El más pequeño, el alimoche, con una envergadura de más de metro y medio; y el mayor, el buitre negro, puede alcanzar cerca de tres metros.

La cabeza y el cuello están pelados, solo recubiertos de un fino plumón, salvo en el quebrantahuesos. Esto les permite no mancharse excesivamente cuando introducen su cabeza y largo cuello en el interior de los cadáveres.

El pico, muy largo y ganchudo, más fuerte en el buitre negro, pues a veces captura presas vivas, y más fino en el alimoche.

Sus patas solo sirven para posarse y caminar. Sus garras, al no necesitarlas para cazar, están poco desarrolladas y carecen de fuerza prensil (salvo en el buitre negro). Las uñas, cortas y redondeadas.

Las alas, grandes, poderosas, majestuosas, perfectas para realizar interminables planeos, ayudándose de las corrientes térmicas. Son los grandes veleros de las rapaces, realizando grandes desplazamientos con el mínimo gasto de energía.

Aprovechándose de su excelente sentido de la vista y de la altitud que alcanzan, que les permite una minuciosa prospección del terreno, pueden localizar animales recién muertos.

Sexos similares.

Tienen una gran especialización alimenticia, nutriéndose casi exclusivamente de carroña. Son, pues, necrófagos y están en el vértice de la pirámide ecológica. La utilización de la carroña no se realiza de una forma aleatoria, sino siguiendo una secuencia ordenada. Primero, los córvidos y milanos, los más abundantes y móviles, suelen descubrir la pieza muerta y picotear las partes blandas como ojos, y orificios naturales. Luego suelen aparecer los buitres leonados y negros. Estos últimos, gracias a su potente pico, perforan la recia piel y aprovechan los músculos y las partes duras. Los leonados comen las partes blandas, generalmente las vísceras de los ungulados. Los alimoches, de tamaño ostensiblemente menor, se nutren de los despojos. Y finalmente, los quebrantahuesos aprovechan los huesos y pellejo. Es decir, cada especie debido a sus peculiaridades anatómicas, se alimenta de las diferentes partes del cadáver.

Salvo el buitre negro, que anida sobre árboles, el resto lo hace en repisas o cuevas de roquedos (buitreras), siendo muy visibles sus excrementos blancos en los farallones rocosos. El periodo de cría es muy largo: la incubación se alarga unos 55 días y su permanencia en el nido más de 100.

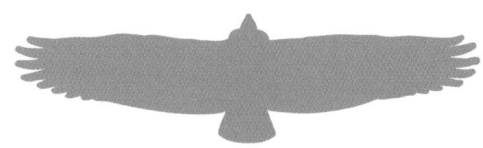

Milano negro alimentando a sus crías en el nido

Águila real

Es la mayor de las águilas españolas. Su aspecto es poderoso y elegante. Su porte y vuelo, majestuoso. La cabeza, grande y proyectada, tiene tonos dorados, es llamada por ello águila dorada. Tiene una agudísima vista, un gran pico ganchudo y unas garras muy fuertes. Es esencialmente rupícola. Aunque muy hábil remontando en círculos amplios y lentos, suele capturar a sus presas en vuelos bajos. Es una rapaz muy adaptable, siendo su dieta muy variada, y sin enemigos naturales.

CLASE: Aves
ORDEN: Accipitriformes
FAMILIA: *Accipitridae*
ESPECIE: *Aquila chrysaetos.* Linnaeus, 1758
NOMBRE COMÚN: Golden eagle (ing.), águia-real (port.), àguila daurada (cat.), arrano beltza (eusk.), aguia real (gal.) y alica cabritera, alica grande (ara.)
LONGITUD: 75-90 cm
ENVERGADURA: 180-230 cm
PESO: 3-6,7 kg
SEXO: Plumaje igual para ambos sexos. El macho, con colores más vivos. Hembra ostensiblemente mayor que el macho. DSI: 80 %. Tamaño: 9 %. Peso: 45 %
LONGEVIDAD: Hasta 50-60 años
VIDA SOCIAL: Solitaria/en parejas
UBICACIÓN: Habita el hemisferio norte. La encontramos en todas las zonas montañosas de Europa
MOVIMIENTOS: Sedentaria, los jóvenes realizan movimientos dispersivos. En España especie residente regular
POBLACIÓN Y TENDENCIA: Común con tendencia al incremento moderado
ESTADO DE AMENAZA: Casi amenazado (NT). UICN 3.1: Preocupación menor (LC)

RASGOS DE CAMPO

Rapaz poderosa cuya envergadura puede llegar a los 2,3 m.

Su protuberante cabeza está cubierta de plumas con tintes dorados que se extienden a la nuca. Ojos de color avellana o ambarinos. Cera amarilla. El pico, largo, fuerte y muy ganchudo, de color gris metálico en su base y negro en su punta.

Su plumaje, de color pardo oscuro, un poco más claro en su parte superior. Las coberteras alares, de color blanquecino.

Alas largas y anchas, más estrechas en su nacimiento. En el ave posada los extremos de las alas llegan hasta la punta de la cola. Se posa en ramas limpias de árboles o en rocas, siendo muy hábil en el suelo.

Cola cuadrada, más larga que en otras águilas, con extremo redondeado.

Tarsos largos y emplumados hasta el nacimiento de los dedos. Las calzas son muy visibles cuando está perchada. Las poderosas garras, amarillas con uñas negras curvadas, pueden llegar a los 6 cm.

Los jóvenes tienen un plumaje más oscuro y unas marcadas manchas blancas debajo de las alas, bases de las rémiges. El nacimiento de su cola es de color blanquecino, con una marcada banda subterminal oscura. Las manchas van despareciendo hasta alcanzar la madurez a los 6 años.

HÁBITAT

Su hábitat es variado y poco exigente. Esencialmente rupícola. Generalmente, en zonas montañosas, rocosas, de sierra con fondo de valles. También en cortados fluviales con llanuras, o esteparios. Aunque la encontramos en biotopos intermedios. Suele evitar las masas forestales extensas. En general, en espacios poco humanizados, pues son desconfiadas y esquivas. Por tanto, la encontramos en un rango de cotas muy variado, desde los 150 a los 2200 m de altitud.

Posadas en un risco o en un árbol, pasan la mayor parte del día vigilando su territorio.

DISTRIBUCIÓN GEOGRÁFICA

La encontramos en todas las zonas montañosas de Europa: península ibérica, Alpes, Europa mediterránea, Balcanes, Escocia, Escandinavia y norte de Rusia.

Pollo de 80 días de águila real

Habita todo el año en la península ibérica. Principalmente, en Pirineos, sistemas Ibérico y Central, sierras béticas y Sierra Morena. Escasa en ambas mesetas, depresión del Guadalquivir, Galicia y cornisa Cantábrica.

En la península ibérica está la subespecie *Aquila chrysaetos homeyeri*.

LA CAZA

Caza en zonas abiertas o con matorral desde el aire.
Para ello se basa en una magnífica vista, un vuelo muy rápido, una gran potencia, unas poderosas garras y un pico ganchudo.

Su técnica más empleada es explorar las laderas montañosas en vuelos bajos, sorteando todos los obstáculos de la orografía para hacer breves caladas por sorpresa sobre sus presas. Otra forma de caza es ascender a gran altura y una vez localizada la presa calarse a gran velocidad sobre ella. También puede descubrir a su presa desde un oteadero y desde allí, tras un planeo, hacer un rápido picado para capturarla.

La mayoría de las capturas las realiza en el suelo, pero a las aves las puede golpear en vuelo. En el suelo es muy ágil y se desenvuelve con gran facilidad.

Es frecuente que cace en pareja.

ALIMENTACIÓN
Principalmente, captura mamíferos de mediano porte: conejos, liebres...
En ocasiones concretas, mamíferos de mayor tamaño como crías de cabras monteses, de sarrios, de ciervos, de jabalís... En alta montaña, marmotas.

Es un superpredador sobre carnívoros como zorros, ginetas, garduñas, gatos monteses...

También se alimenta de aves como perdices, palomas, córvidos... Así como de reptiles, lagartos y culebras.

Cada vez es más habitual que coma carroña, muy frecuente en invierno. Acostumbrada a visitar los muladares y los comederos de buitres.

Reproducción

Las parejas son estables, se emparejan de por vida. En la parada nupcial, que comienza a finales de enero, hacen conspicuas exhibiciones aéreas. Realizan círculos en pareja, remontando a gran altura, después impresionantes picados para virar de nuevo hacia arriba y repetirlo bastantes veces. También, vuelos de persecución. En el celo son escandalosas y suelen emitir agudos gritos.

Suelen tener en su territorio varios nidos que pueden ir alternando. Normalmente, realizan el nido en altos cantiles sobre oquedades o repisas. La estructura de ramas aumenta año tras año y puede llegar a tener grandes dimensiones, hasta 2 m de alto y 2 m de diámetro.

En un diez por ciento de los casos anida sobre árboles

Suelen ser palos secos que recogen de los árboles, cayendo en picado con gran potencia y arrancándolos con las garras. Lo tapizan con hojas, lanas, hierbas... Ambos colaboran en la preparación del nido, aunque la hembra, en mayor medida. Aunque no raro, es menos frecuente que aniden sobre árboles, generalmente pinos, encinas o alcornoques. Esto se produce en valles cuando no hay roquedos.

Realizan una nidada anual, generalmente entre marzo-mayo. Puesta de 1-3 huevos, normalmente 2, de color blanco sucio, manchados con puntos marrones, con intervalos de 2-4 días. Tamaño: 77 x 59 mm. La incubación dura 43-45 días, realizándola principalmente la hembra, aunque el macho colabora esporádicamente. Las crías nacen cubiertas de plumón blanco. Se suele producir que el pequeño muera, incluso por canibalismo. Los pollos permanecen en el nido sobre 65-80 días. Muchos ejemplares jóvenes suelen morir en el primer año.

Vuelo

Sus aleteos son lentos, profundos y regulares, entremezclados con breves planeos. Con sus grandes alas y aprovechando las térmicas, asciende en círculos amplios a alturas considerables. En ocasiones remonta y planea con alas eleva-

das en ligera V. Realiza picados muy veloces con las alas hacia atrás en forma de corazón.

Silueta en vuelo coronado

La envergadura es 2,6 veces su longitud total. Rapaz muy grande, con majestuoso vuelo, navegando sin el mínimo movimiento. Su cabeza, inclinada hacia abajo, escudriñando a sus presas, es mucho más saliente que la de los buitres. Con grandes alas oscuras y las primarias extendidas.

Su parte inferior es de color marrón, lo que le da un aspecto muy oscuro en vuelo.

Águila real juvenil en vuelo

Cabeza de adulto   *Pollo de 40 días*

Voz

Generalmente silenciosa y de voz débil para su tamaño. En el celo emiten gritos y chillidos: *kiaec-kiaec*, *quiop-quiop*.

Especies parecidas por su aspecto físico

El **águila imperial ibérica** es más oscura de plumaje y presenta unas manchas claras en los hombros características. Su cola es más pequeña. Planea con las alas planas.

El **busardo ratonero** en su forma *oscura*, aunque es más pequeño, su vuelo, menos estable y su parte inferior, con más dibujos. Carece de su potente pico. Habita cerca de poblaciones y carreteras.

El **buitre leonado** es de mayor tamaño, presenta un cuello claro y las alas más anchas. Su librea es más clara y su cola más corta.

Principales amenazas

- La alteración del hábitat por urbanización total o parcial.
- La presión demográfica, procedente de las propias zonas o por motivos turísticos.

Planea con alas elevadas en ligera V

∘ Presión demográfica con molestias en las zonas de crías.
∘ Disminución de los recursos alimenticios o tróficos, principalmente de poblaciones de conejo y muladares.
∘ Expolio de nidos con robo de huevos y pollos. Cetrería ilegal.
∘ Acoso y persecución directa. Caza ilegal.
∘ Empleo de cebos envenenados, dados sus hábitos parcialmente carroñeros.
∘ Choque con tendidos eléctricos o aspas de aerogeneradores.

37

Águila imperial ibérica

Se puede considerar una de las rapaces más rara del mundo. Ave endémica de la península ibérica, en peligro de extinción. De tamaño grande, aunque menor que el águila real. Destacan en su librea sus hombros blancos. Anida sobre árboles. Muy ligada a la caza del conejo.

CLASE: Aves
ORDEN: Accipitriformes
FAMILIA: *Accipitridae*
ESPECIE: *Aquila adalberti.* Brehm, 1861
NOMBRE COMÚN: Spanish imperial eagle (ing.), águia-imperial-ibérica (port.), àguila imperial ibèrica (cat.), eguzki-arrano iberiarra (eusk.), aguia imperial (gal.)
LONGITUD: 70-83 cm
ENVERGADURA: 177-215 cm
PESO: 2,5-3,9 kg
SEXO: Plumaje igual para ambos sexos. Hembra ostensiblemente mayor que el macho, principalmente en peso. DSI: 84 %. Tamaño: 8 %. Peso: 30 %
LONGEVIDAD: Hasta 30 años
VIDA SOCIAL: Solitaria/en parejas
UBICACIÓN: Endémica en la península ibérica. Principalmente, en España
MOVIMIENTOS: Sedentaria, movimientos dispersivos en los jóvenes. En España, especie residente regular
POBLACIÓN Y TENDENCIA: Muy escasa con tendencia al incremento. Es una de las cinco aves en mayor peligro de extinción del mundo
ESTADO DE AMENAZA: En peligro de extinción (EN). UICN 3.1: Vulnerable (VC)

ESPECIES PARECIDAS POR SU ASPECTO FÍSICO

El **busardo ratonero** en plumaje y tamaño se pueden parecer, pero es más robusto. Cabeza más ancha y cuello más corto. Alas más anchas y redondeadas. Cola más corta. Vuelo de planeo con alas en V.

El **milano negro** con *fases oscuras* de abejero. Cabeza más corta y gruesa. Alas más estrechas. Cola más larga y escotada.

PRINCIPALES AMENAZAS

- Disminución de los recursos alimenticios o tróficos.
- Empleo masivo de pesticidas, plaguicidas y herbicidas.
- Acoso y persecución directa. Caza ilegal.
- Choque con tendidos eléctricos o aspas de aerogeneradores.
- Predación natural por otras rapaces como el azor común.

Aguilucho lagunero

Es el mayor, el más robusto y el más pesado de los aguiluchos que viven en España, pero su aspecto es estilizado. También se distingue por carecer de obispillo y tener las alas más anchas y el tono de su plumaje pardo. Ligado al medio acuático. Característico es su vuelo con las alas en V cuando planea en rastreo.

CLASE: Aves
ORDEN: Accipitriformes
FAMILIA: *Accipitridae*
ESPECIE: *Circus aeruginosus.* Linnaeus, 1758
NOMBRE COMÚN: Western marsh harrier (ing.), águia-sapeira (port.), arpella vulgar (cat.), zingira-mirotza (eusk.), tartaraña das xunqueiras (gal.), carricero, alicacho de laberca (ara.)
LONGITUD: 48-56 cm
ENVERGADURA: 110-140 cm
PESO: Macho, 450-600 g; hembra, 600-1.050 g
SEXO: Acusado dimorfismo sexual. Plumaje diferente según el sexo. Hembra ostensiblemente mayor que el macho. DSI: 86 %. Tamaño: 4 %. Peso: 15 %
LONGEVIDAD: Hasta 15 años
VIDA SOCIAL: Parejas/grupos familiares
UBICACIÓN: Poblador de gran parte del centro y sur de Europa.
MOVIMIENTOS: Sedentario en península ibérica y Baleares. En España, especie residente regular. Los de zonas altas de Europa, migradores parciales, los encontramos en la Península en paso o invernada.
POBLACIÓN Y TENDENCIA: Poco común y tendencia a incremento fuerte
ESTADO DE AMENAZA: Preocupación menor (LC). UICN 3.1: Preocupación menor (LC)

Rasgos de campo

Rapaz de mediano tamaño. Las hembras, bastante mayores.

El iris de los machos es amarillento, mientras que los ojos de las hembras son de color marrón. Cera amarilla y pico negro.

El *macho* presenta la cabeza y garganta clara, crema, con estrías pardo oscuras. El dorso de color oscuro achocolatado. El vientre pardo rojizo. Cola y rémiges secundarias de color gris plata, estas describen una extensa banda alar, muy visibles en vuelo.

La *hembra*, más oscura y menos contrastada. Tiene la cabeza, la nuca y el mentón más claros, pero con una ancha banda ocular oscura. El resto del plumaje es pardo achocolatado bastante uniforme, sin el color gris, pero con hombros de color crema.

Las alas largas y algo anguladas. En el ave posada los extremos de las alas terminan antes de la punta de la cola.

Cola larga y rectangular, bordes laterales paralelos. Carece de obispillo blanco.

Patas largas y finas, de color amarillo. Sus garras, cortas, con afiladas uñas.

Hábitat

Su hábitat son los humedales, las masas de agua como marismas, embalses, lagunas, zonas pantanosas... La zona de cría se encuentra ligada, generalmente, a carrizales. Y la de caza suele ser campos de cultivo de regadío e, incluso, de secano cercanos.

El rango de cotas donde lo encontramos comprende desde el nivel del mar hasta los 1800 m de altitud.

Se posa en el suelo o en oteaderos y raramente en árboles.

Distribución geográfica

Sedentario en península ibérica y Baleares. Lo encontramos en mayor concentración en las cuencas del Ebro, ambas Castillas y Andalucía suroccidental. También hallamos pobladores de las zonas altas de Europa en paso para cruzar el estrecho de Gibraltar (septiembre-octubre); o en invernada, instalándose en humedales de ambas Castillas y zona del Ebro, y en el litoral de la Península, para volver a Europa en marzo.

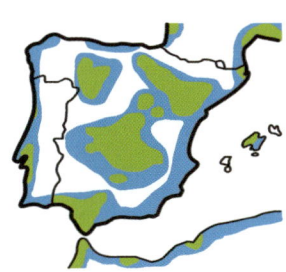

LA CAZA

Está especializado en la caza de animales que viven en relación con el agua.

Su técnica es variada. Puede sobrevolar a baja altura las masas de agua, para calarse sobre su presa una vez localizada, o avistarla desde un posadero.

ALIMENTACIÓN

Su dieta está íntimamente relacionada con el medio acuático. Se alimenta de aves acuáticas, anfibios, peces, roedores (ratas de agua o topillos), huevos de anátidas... En ocasiones, reptiles e insectos.

Aguilucho lagunero hembra. Más oscura y con menos contrastes

Pollos de aguilucho lagunero

No desdeña la carroña, generalmente peces.

Reproducción
En la época de celo se les puede ver planeando alto en una elaborada danza aérea.

La hembra construye el nido entre espesos carrizales, juncales o cañizares. Se trata de una plataforma grande, realizada con vegetación palustre sobre el suelo o a poca altura del agua, y bien forrada de hierbas para aislarla de la humedad. En ocasiones nidifica en campos de cereal, como trigo y cebada.

Realizan una nidada anual, generalmente entre abril-junio. Puesta de 3-8 huevos, normalmente 4-5, de color blanco azulados o verdosos. Tamaño: 50 x 39 mm. La incubación dura 32-39 días, realizándola solo la hembra. El macho se encarga de la defensa del territorio y de la obtención de alimentos. Los pollos, con un primer plumón rosado por encima y blanco por debajo, permanecen en el nido entre 37-41 días.

VUELO

Suele realizar un vuelo bajo, alternando el lento batir de alas con prolongados planeos con las alas en característica V obtusa. En caza se cala sobre la presa.

SILUETA EN VUELO CORONADO

Las alas largas, algo anguladas, y la cola larga y rectangular.

El *macho*, con alas claras y las puntas oscuras (el dorso de estas, sin embargo, pardo con oblicua banda gris). La *hembra*, con alas pardas oscuras (el dorso también pardo, pero con píleo y hombros claros).

Cuando planea puede ser confundido con un milano negro.

VOZ

Maullido agudo *pe-i*, parecido al del avefría. En época de celo, el macho emite un *cui-cui-cui* y la hembra, un largo *bii-yah*.

Sus cotas de hábitat son muy variadas

*Aguilucho lagunero
hembra en vuelo*

ESPECIES PARECIDAS POR SU ASPECTO FÍSICO

El **águila calzada,** de tamaño similar, planea con las alas planas. Patas con calzas.

El **milano negro**, por su librea de tonos similares y el tipo de planeo. Sus alas son más anguladas y su cola escotada característica. Sus patas, más cortas.

PRINCIPALES AMENAZAS

- Intensa transformación o alteración del hábitat, principalmente de los cultivos.
- La degradación del hábitat por vertidos continuos o puntuales de contaminantes.
- Empleo masivo de pesticidas, plaguicidas y herbicidas.
- Contaminación por plomo de los perdigones de los cartuchos usados en humedales.
- Competencia con otras aves que los desalojan de sus áreas de cría.
- Expolio de nidos con robo de huevos y pollos.
- Acoso y persecución directa. Caza ilegal.
- Choque con tendidos eléctricos o aspas de aerogeneradores.

Aguilucho pálido

Es el de tamaño intermedio de los tres aguiluchos. Muy similar al aguilucho cenizo en el plumaje, pero con obispillo blanco más marcado, complexión más robusta, y alas y cola más anchas.

CLASE: Aves
ORDEN: Accipitriformes
FAMILIA: *Accipitridae*
ESPECIE: *Circus cyaneus.* Linnaeus, 1766
NOMBRE COMÚN: Hen harrier (ing.), tartaranhão-cinzento (port.), arpella pàl-lida (cat.), mirotz zuria (eusk.), gatafornela (gal.), alicacho de San Martín (ara.)
LONGITUD: 42-55 cm
ENVERGADURA: 100-118 cm
PESO: Macho, 300-400 g; hembra, 400-600 g
SEXO: Acusado dimorfismo sexual. Plumaje diferente según el sexo. Hembra ostensiblemente mayor que el macho. DSI: 77 %. Tamaño: 12 %. Peso: 55 %
LONGEVIDAD: Hasta 15 años
VIDA SOCIAL: Descansa en bandos
UBICACIÓN: Aunque no es excesivamente común, está repartido por toda Europa
MOVIMIENTOS: Sedentario en zona norte de la península ibérica. En España, especie residente regular. En paso o invernada en el resto de la Península y Baleares
POBLACIÓN Y TENDENCIA: Poco Común con tendencia en declive
ESTADO DE AMENAZA: En peligro de extinción (EN). UICN 3.1: Preocupación menor (LC)

Rasgos de campo

Rapaz entre mediano y pequeño porte, con marcado dimorfismo sexual en cuanto al tamaño y color del plumaje. La hembra, bastante mayor.

Ojos y cera amarillos. Pico negro.

El *macho* es gris ceniza, uniforme (puede recordar a una gaviota), con un marcadísimo obispillo blanco. Cola y alas, también grises, estas con rémiges primarias negras. Las partes inferiores, crema.

La *hembra* es de color pardo oscuro, con ancho obispillo blanco. Parte inferior pardo claro con estrías verticales oscuras. Tiene una peculiar distribución del plumaje facial que recuerda a los discos de las rapaces nocturnas. Esto le proporciona un sentido del oído excelente que le permite cazar en vuelo rastrero sobre vegetación espesa. Cola con barras transversales oscuras.

Las alas largas. En el ave posada, los extremos de las alas terminan cerca de la punta de la cola.

Cola larga y rectangular.

Largos tarsos de color amarillo, con dedos cortos y uñas afiladas.

Jóvenes parecidos a la hembra, pero de color más ocre.

Hábitat

Es muy variable. Prefiere matorrales espesos, como brezales, tojales, bojerales... También gusta de bosques jóvenes claros o de zonas más abiertas como pastizales, eriales o campos de cultivo, generalmente de cereal. Lo podemos encontrar en marismas y carrizales. El rango de cotas donde habita comprende desde el nivel del mar hasta los 1800 m de altitud.

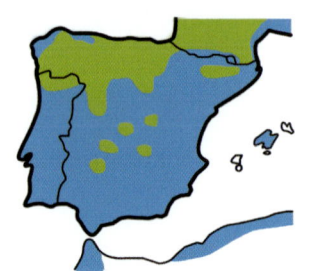

Se posa en el suelo y en oteaderos de baja altitud, ocasionalmente en árboles.

Distribución geográfica

Lo encontramos todo el año en zona norte de España y Portugal, y en núcleos aislados

Aguilucho pálido hembra
en vuelo bajo

en el centro peninsular. En invernada, en el resto de la Península y Baleares (marzo-octubre).

La caza

Escudriña el terreno abierto en vuelo raso buscando sus presas e intentando sorprenderlas casi siempre en tierra.

Alimentación

Se alimenta de pequeños mamíferos, generalmente roedores, pero también de aves. En ocasiones, reptiles, anfibios, insectos, en particular, ortópteros...

Reproducción

En la parada nupcial realizan vuelos acrobáticos. Suben verticalmente para girar bruscamente y caer en picado con las alas plegadas; al llegar cerca del suelo, giran y vuelven a elevarse.

Nidifica en suelo, entre la vegetación baja y matorrales. En ocasiones, en sembrados. Construye un nido pequeño con ramitas y hierbas.

Realizan una nidada anual, generalmente entre abril-junio. Puesta de 3-7 huevos, normalmente 4-5, de color blanco, a veces manchados de pardo. Tamaño: 50 x 39 mm. La incubación dura 29-35 días, realizándola solo la hembra. El macho se encarga de la obtención de alimentos y de la defensa del territorio. Los pollos permanecen en el nido entre 35-40 días, aunque a los 15 días pueden abandonarlo temporalmente. Al nacer, están cubiertos de plumón blanco sucio.

Vuelo

Vuelo distintivo, generalmente bajo. Con aleteos lentos, profundos y regulares, alternados con largos planeos con las alas en V abierta, recorriendo su territorio de caza.

Silueta en vuelo coronado

Silueta grácil y esbelta. Alas y cola largas.

El *macho* con parte inferior blanca y primarias negras. La *hembra* con parte inferior pardo claro con estrías longitudinales oscuras. La cola con bandas transversales.

Voz

Su voz, más aguda que la del lagunero, es un chirrido penetrante, *qui-qui-qui*, o una especie de gemido largo, *pii-ya*. En la parada nupcial emite un grito corto: *chek-chek*.

Especies parecidas por su aspecto físico

El **aguilucho cenizo** es ligeramente menor, más grácil y estilizado. Con alas más estrechas y bandas oscuras en la cola. Y su parte inferior está barrada.

Principales amenazas

- Intensa transformación o alteración del hábitat, principalmente de los cultivos
- La degradación del hábitat por vertidos continuos o puntuales de contaminantes.
- Empleo masivo de pesticidas, plaguicidas y herbicidas.
- Mecanización de los cultivos. La cosecha del cereal puede producir la muerte de pollos nacidos en estos cultivos.
- Alteración y destrucción de su hábitat de nidificación.
- Acoso y persecución directa. Caza ilegal.
- Choque con tendidos eléctricos o aspas de aerogeneradores.

Aguilucho cenizo

Es el más pequeño de los aguiluchos. Difícil de distinguir a primera vista del aguilucho pálido, aunque más liviano, grácil y fusiforme (alas estrechas y puntiagudas). Extremadamente ligado a las tierras de labor, principalmente cerealistas, a cambio elimina gran cantidad de ratones, topillos, insectos ortópteros y aves granívoras. Presenta como todos los aguiluchos gran dimorfismo sexual.

CLASE: Aves
ORDEN: Accipitriformes
FAMILIA: *Accipitridae*
ESPECIE: *Circus pygargus.* Linnaeus, 1758
NOMBRE COMÚN: Montagu's harrier (ing.), águia-caçadeira (port.), esparver cendrós (cat.), mirotz urdina (eusk.), tartaraña cincenta (gal.), alicacho zenisoso (ara.)
LONGITUD: 41-46 cm
ENVERGADURA: 100-115 cm
PESO: 250-400 g
SEXO: Plumaje diferente según el sexo. Hembra algo mayor que el macho. Similar en tamaño pero mucho mayor en peso. DSI: 94 %. Tamaño: 2 %. Peso: 20 %
LONGEVIDAD: Hasta 15 años
VIDA SOCIAL: Parejas/pequeños bandos
UBICACIÓN: En centro y sur de Europa
MOVIMIENTOS: Migrador. Especie estival regular en la península ibérica
POBLACIÓN Y TENDENCIA: Común con tendencia a declive
ESTADO DE AMENAZA: Vulnerable (VU). UICN 3.1: Preocupación menor (LC)

Rasgos de campo

Rapaz de tamaño pequeño-mediano. Presenta dimorfismo sexual.

Ojos amarillos, como el aguilucho pálido. Cera amarilla y pico oscuro.

El *macho*, más claro, presenta el dorso de color gris ceniza, pero con obispillo grisáceo-blanquecino en lugar de blanco puro. Alas con las primarias negras y dos bandas negras características (en las secundarias). Cola gris algo barreada. Las partes inferiores, crema con estrías longitudinales rojizas en vientre y flancos.

La *hembra*, más oscura, es pardo achocolatada en partes superiores, con obispillo blancuzco menos aparente. Presenta marcado diseño facial, con medias lunas claras arriba y abajo del ojo y mejillas oscuras. Partes inferiores pardo claras con estrías verticales rojizas. Alas y cola más barreadas de pardo rojizo que en el macho, pero con primarias claras.

Alas, estrechas, largas, puntiagudas y algo anguladas. Como los otros aguiluchos es de cuerpo fusiforme y muy grácil. En el ave posada, los extremos de las alas terminan cerca de la punta de la cola.

Cola larga y rectangular.

Largas patas de color amarillo.

Los jóvenes, partes superiores como la hembra e inferiores rojizas sin rayar.

Hábitat

Prefiere terrenos abiertos, sobre todo campos de cereal, especialmente de trigo y cebada. También lo vemos en zonas despejadas como campos de cultivo, páramos, monte bajo abierto, pastizales...

El rango de cotas donde lo encontramos comprende desde el nivel del mar hasta los 1200 m de altitud.

Se posa en el suelo y en oteaderos bajos, raramente en árboles.

Distribución geográfica

Ocupa de forma estival (marzo-septiembre) gran parte de la península ibérica, siendo raro en la cornisa cantábrica y la costa mediterránea. Invernan en África occidental. A diferencia de otras rapaces, pueden alcanzar el continente africano por un amplio frente, pues pueden cruzar amplios brazos de mar.

La caza

Emplea la misma técnica que los otros aguiluchos, es decir, sobrevuela su territorio de caza a baja altura, intentando localizar algún animal. En este caso, casi siempre presas terrestres, para calarse sobre ellas, sorprendiéndolas.

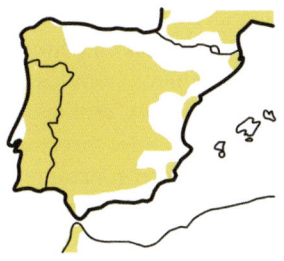

Aguilucho cenizo hembra, más oscuro que el macho

Alimentación

Su dieta se basa en pequeños mamíferos (topillos
y ratones), aves, reptiles,
anfibios, grandes insectos
(principalmente, ortópteros
como langostas)...

Reproducción

En la parada nupcial la pareja realiza
acrobáticos vuelos de sincronismo,
elevándose y dejándose caer en
picado, formando tirabuzones.

Nidifica directamente en el suelo, por
lo general, entre vegetación arbustiva o en el interior del cereal. Construyen
una plataforma con ramitas, cañas de cereal y hierbas.

Realizan una nidada anual, generalmente entre abril-junio. Puesta de 2-9 huevos, normalmente 3-5, de color blanco o blanco azulados. Tamaño: 41 x 32
mm. La incubación dura 27-32 días, realizándola la hembra. El macho se encarga de la defensa del territorio y de la obtención de alimentos. Los pollos, con
un primer plumón blancuzco, permanecen en el nido entre 30-35 días.

Vuelo

Vuelo elegante, alternando aleteos lentos y relajados con planeos con las alas
en V a baja altura.

Silueta en vuelo coronado

Silueta grácil y fusiforme. Con alas largas, estrechas, afiladas y angulosas. Cola
larga rectangular. En ambos sexos, la parte inferior del cuerpo y alas con bandas pardo rojizas.

Voz

La hembra y los pollos emiten un fino silbido cuando los ceban: *pii-ii*.
Cuando está alarmado chilla en un tono alto un *yi-yi-yi*.

Especies parecidas por su aspecto físico

El **aguilucho pálido** es ligeramente mayor y no tiene su parte ventral barrada.

Principales amenazas

- Intensa transformación o alteración del hábitat, principalmente de los cultivos.
- La degradación del hábitat por vertidos continuos o puntuales de contaminantes.
- Empleo masivo de pesticidas, plaguicidas y herbicidas.
- Mecanización de los cultivos. La cosecha del cereal puede producir la muerte de pollos nacidos en estos cultivos.
- Alteración y destrucción de su hábitat de nidificación.
- Acoso y persecución directa. Caza ilegal.
- Predación natural de nidos por jabalíes, zorros y otras rapaces como el milano negro.
- Choque con tendidos eléctricos o aspas de aerogeneradores.

Azor común

Rapaz poderosa de mediano tamaño, especialista en el vuelo de baja altura. Cazador rápido y preciso, especialista en el ataque por sorpresa, incomparable en la espesura. Su anatomía de alas cortas, anchas y redondeadas, y de cola larga le permite capturar a sus presas en increíbles persecuciones en zonas cerradas dentro del bosque. La hembra es mucho mayor.

Clase: Aves
Orden: Accipitriformes
Familia: *Accipitridae*
Especie: *Accipiter gentilis.* Linnaeus, 1758
Nombre común: Northern goshawk (ing.), açor (port.), astor (cat.), aztore arrunta (eusk.), azor (gal.), esparbero perdiguero (ara.)
Longitud: 48-65 cm
Envergadura: 90-120 cm
Peso: Macho, 650-700 g; hembra, 800-1400 g
Sexo: Plumaje muy similar para ambos sexos. Hembra mucho mayor que el macho, sobre todo en peso. DSI: 71 %. Tamaño: 15 %. Peso: 45-90 %
Longevidad: Hasta 25 años
Vida social: Solitario/grupos familiares. Muy territorial en la caza y en época de cría
Ubicación: Poblador de gran parte de Europa, excepto Irlanda e Islandia
Movimientos: Sedentario. En España, especie residente regular, distribuido por casi toda España peninsular
Población y tendencia: Común con tendencia irregular. En la mitad norte con tendencia a la estabilidad y en la mitad sur con tendencia en declive moderado aunque con algunas nuevas zonas de colonizaciones
Estado de amenaza: Preocupación menor (LC). UICN 3.1: Preocupación menor (LC)

RASGOS DE CAMPO

Rapaz de tamaño mediano. Junto con el gavilán común son las rapaces ibéricas con más acusado DSI. La hembra es mucho mayor, llegando a pesar un 50 % más que el macho. La hembra, casi como un ratonero y el macho, como una hembra de Gavilán.

Su cabeza empieza a perder la forma redondeada para alargarse algo. Características son sus cejas blancas y su casquete oscuro (píleo). El iris anaranjado. Cera de color amarillo. Su pico grande y negro es ligeramente dentado.

El pecho, ancho y poderoso. Su parte superior de color pizarra oscuro, solo destacando sus cejas claras que enmarcan el antifaz. La parte inferior de color gris plata, siendo su cuello jaspeado, y su pecho y vientre con barras horizontales oscuras. Las infracoberteras caudales, plumas bajo el nacimiento de la cola, son de color blanco puro, destacando tanto cuando vuela como cuando está posado.

Tiene alas cortas, anchas y redondeadas que le permiten vuelos acrobáticos entre las ramas de los árboles. Posado se le reconoce con facilidad, pues es la única rapaz de mediano tamaño cuyas alas solo le llegan hasta la mitad de la cola.

La cola larga y redonda en abanico, la utiliza como freno y timón para realizar sorprendentes giros. Su color, marrón con la punta de las rectrices blanca y 3 o 5 bandas transversales más oscuras.

Las patas, cortas y gruesas, son amarillas. Sus poderosas garras, con gran fuerza prensil, son polivalentes para cazar diferentes presas. Uñas negras, extraordinariamente afiladas.

Hábitat

Típica rapaz forestal que se encuentra en cualquier bosque, aunque prefiere los de pinos, hayedos, robledales, encinares y alcornocales. También en sotos fluviales. Gusta de las proximidades de pistas, linderos claros y otras aperturas. En invierno se puede trasladar a zonas de cultivo con setos. Depende totalmente del cobijo de los árboles.

Son muy territoriales, expulsando de su área a cualquier intruso.

El rango de cotas donde lo encontramos comprende desde el nivel del mar hasta los 2000 m de altitud.

Se posa sobre ramas y perchas.

Distribución geográfica

En Europa se encuentra en la mayoría de los países, salvo en Irlanda e Islandia.

Se halla en gran parte de España peninsular, desigualmente repartido. Más abundante en la mitad norte, salvo en el valle del Ebro. Residente habitual durante todo el año. Existen cortos movimientos dispersivos.

Un número muy pequeño cruza en otoño el estrecho de Gibraltar.

La caza

Caza en solitario. De conducta extremadamente reservada. Las hembras suelen abatir presas mayores.

Le gusta permanecer inmóvil, mimetizado, al acecho, en su percha, observando cualquier movimiento en el bosque. Puede cazar aves tanto entre la vegetación y maleza como a aquellas que ha avistado sobrevolando las

copas de los árboles. Su sello es la aparición de improviso. A pequeños mamíferos o aves posadas las captura volando muy rápido a baja altura, ocultándose tras la vegetación y atacando por sorpresa.

Rapaz tremendamente fiera y agresiva. Mata a sus presas con sus garras, no utilizando el pico para tal acción, sino solo para comer. Las presas pequeñas las lleva a su percha o desplumadero para comer y las grandes son devoradas en el mismo lugar de la captura.

Una de las aves preferidas, en el bajo vuelo, por los cetreros para la caza en terreno boscoso.

Alimentación

Su dieta es muy variada. Gran parte de su alimentación se basa en la avifauna. Captura aves de pequeño y mediano tamaño como palomas, arrendajos, urracas, perdices, estorninos, cornejas, zorzales, mirlos... También se alimenta de pequeños mamíferos, generalmente roedores, como conejos, liebres, ardillas, topillos... y reptiles como el lagarto.

Los quebrantos que pueda hacer sobre especies cinegéticas quedan compensados con la limpia que realiza especialmente de córvidos, limitando su expansión.

Reproducción

Las parejas son muy fieles, permaneciendo unidas de por vida.

El cortejo suele empezar en febrero y lo realizan ambos sexos. Consiste en vuelos característicos, cogiendo altura en círculos y bajando en picado; y series de gritos agudos y belicosos. Realizan "señales con la cola" con el plumaje blanco de debajo del nacimiento caudal.

Realizan su nido en grandes árboles ocultos en el bosque

Levantan el nido cerca del tronco o en las horquillas de grandes árboles ocultos del bosque. Construyen un nido de pequeñas ramas secas y lo forran de follaje. Es grande para su tamaño, aunque bastante plano. Pueden utilizar nidos abandonados, generalmente de córvidos, que acondicionan. El macho participa más en la construcción, principalmente en las primeras horas del día.

Realizan una nidada anual, generalmente entre abril-mayo. Puesta de 2-5 huevos, normalmente 3-4, de color blanco azulado. Tamaño: 58 x 45 mm. La incubación dura 35-39 días. Por lo general, la hembra es la encargada de incubar, cuidar el nido y cebar a los pollos, y el macho de traer alimento. Los pollos permanecen en el nido entre 40-45 días.

Vuelo
Característico e inconfundible. Son los campeones del vuelo en la espesura, entre los árboles y en la maleza. Reyes en el vuelo bajo de persecución.

El vuelo de caza se caracteriza por la agilidad y acrobacia, en un vuelo directo y con un batir de alas fuerte y rapidísimo.

Se desplaza con aleteos de ritmo rápido alternados con deslizamientos. También realiza dignos planeos con las alas planas.

Silueta en vuelo coronado
La envergadura es 2 veces su longitud. Vuelo raso.

Alas cortas, anchas y redondeadas. Cola muy larga. La longitud de la cola es similar a la anchura de la base de las alas.

Parte inferior ondeada de gris. Conspicuas infracoberteras caudales muy blancas.

Voz
En general, es un ave muy silenciosa y sigilosa, excepto en época de nidificación. En el cortejo, el macho realiza estridentes gritos con secuencias de *guik-guik-guik-guik*. La hembra en época de celo emite un *hei-aa*.

Es muy difícil de ver y le gusta pasar desapercibido, si no fuera por sus gritos de celo y por sus desplumaderos.

Especies parecidas por su aspecto físico
Una hembra de **gavilán común** puede ser confundida con un macho de azor por el aspecto del plumaje y por tamaño. Pero aquella tiene la cabeza más pequeña, la cola más larga y las infracoberteras caudales menos blancas. Las patas y dedos más largos.

El **busardo ratonero** puede parecerse en tamaño a una hembra de azor común. La cola también es redondeada, pero más corta. El vuelo, más lento y pesado.

El **águila perdicera** es mucho mayor y con alas más largas. Se parecen más por su agilidad en vuelo que por su aspecto físico.

Principales amenazas
○ Extracción incontrolada de madera, con la consiguiente destrucción de los ecosistemas asociados.

○ Incendios forestales.

○ Empleo masivo de pesticidas, plaguicidas y herbicidas que afectan a la fertilidad y debilitan las cáscaras de los huevos.

○ Expolio de nidos con robo de huevos y pollos. Cetrería ilegal.

○ Acoso y persecución directa. Caza ilegal. Debido a sus grandes cualidades predatorias y de su extraordinaria agresividad ha sido acusada de disminución de especies cinegéticas.

○ Competencia con otras aves como el búho real.

○ Afecciones producidas por enfermedades de las palomas domésticas.

○ Choque con tendidos eléctricos o aspas de aerogeneradores.

Gavilán común

Es prácticamente una réplica en miniatura del azor. Es el más pequeño de nuestros accipítridos, del tamaño del cernícalo vulgar (falcónido). Su morfología, con alas anchas, cortas y redondeadas, y cola larga, le permite ser un preciso y ágil cazador de la espesura. Su técnica de caza es el ataque por sorpresa. El macho es mucho menor que la hembra.

CLASE: Aves
ORDEN: Accipitriformes
FAMILIA: *Accipitridae*
ESPECIE: *Accipiter nisus.* Linnaeus, 1758
Nombre común: Eurasian sparrowhawk (ing.), gavião (port.), esparver vulgar (cat.), gaviria arrunta (eusk.), gabián (gal.), gavilaneta, alforrocho (ara.)
LONGITUD: 28-38 cm
ENVERGADURA: 60-80 cm
PESO: Macho, 110-170 g; hembra, 200-300 g
SEXO: Acusado dimorfismo sexual. Plumaje diferente según el sexo. Hembra mucho mayor que el macho. DSI: 62 %. Tamaño 20 %. Peso: 77 %
LONGEVIDAD: Hasta 10 años
VIDA SOCIAL: Solitario/grupos familiares
UBICACIÓN: Habita en toda Europa, salvo en Islandia
MOVIMIENTOS: Sedentario dispersivo o migrador parcial. En España, especie residente regular, con invernantes extrapirenaicos
POBLACIÓN Y TENDENCIA: Abundante con tendencia incierta. Junto al busardo ratonero y al cernícalo vulgar son de las rapaces más frecuentes
ESTADO DE AMENAZA: Preocupación menor (LC). UICN 3.1: Preocupación menor (LC)

RASGOS DE CAMPO

Rapaz de pequeño tamaño. Junto con el azor común son las rapaces ibéricas con más acusado DSI. Un macho no es mucho mayor que un mirlo común. También hay diferencias en cuanto al color de su plumaje.

La cabeza, pequeña, con cuello corto. Iris de color amarillo. Cera amarilla. Pico oscuro, ligeramente dentado.

El *macho* tiene su parte superior de color gris pizarra azulado y la inferior de color anaranjado pálido, con bandas horizontales pardas. La cabeza con casquete gris pizarra, nuca con estrecha mancha blanca y cara naranja con pequeñas cejas blancas.

La *hembra* tiene su dorso parduzco más claro y su parte inferior blanquecina con barras horizontales grises. La cabeza, con píleo gris, nuca con marcada mancha blanca. La cara jaspeada blanco-gris con cejas claras, mucho más marcadas que en el macho.

Sus alas, cortas, anchas y redondeadas, le proporcionan gran maniobrabilidad. En el ave posada, los extremos de las alas solo le llegan hasta la mitad de la cola, como al azor común.

La cola, muy larga y rectangular. Es de color marrón grisácea. Tiene las puntas de las rectrices blancas y existen 5 o 6 franjas oscuras transversales. El plumaje de debajo de la cola (infracoberteras caudales) es de un vistoso blanco.

Sus patas, largas y amarillas. Se asemejan a la de los halcones en sus finos y largos dedos, que cuentan con protuberancias palmares (almohadillas) para sujetar a las presas, principalmente aves.

Hábitat

Habita básicamente en zonas forestales. Generalmente en áreas boscosas de coníferas (pinos, abetos…) y también de quercíneas (quejigos, encinas, robles…), de hayas y alcornoques… Le gustan los pequeños claros y lindes. Ocupa el monte bajo. A veces, en campos cultivados con árboles dispersos, sotos ribereños, incluso se les ve en parques. Lo encontramos a una altitud media de 800 m.

Distribución geográfica

En Europa lo encontramos en casi todos los países, excepto en Islandia. Prefiere las franjas no muy distantes a las costas que el interior del continente.

Lo podemos hallar en casi toda España peninsular e insular con poblaciones nidificantes sedentarias, aunque es más abundante en la mitad norte.

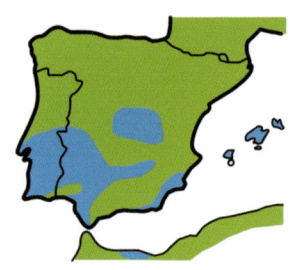

La mayoría de los gavilanes europeos son sedentarios y realizan pocos desplazamientos hacia el sur. Sin embargo, una pequeña población, principalmente de jóvenes, provenientes de Francia y centro de Europa, invernan en la Península. Los pasos por el estrecho de Gibraltar son poco numerosos.

La caza

Al igual que el azor, son cazadores al acecho. Suele permanecer sobre perchas vegetales vigilando de forma muy discreta, para lanzarse catapultados en un vuelo bajo maniobrero, ágil, preciso y sorprender a sus presas. Luego, al desplumadero a comerlas. También se lanza en vuelo a baja altura, camuflándose entre la maleza, para aparecer súbitamente sobre su botín. Puede actuar en zonas de bosque, arbolado o huertas e incluso dentro de jardines, donde encuentran un importante suministro de presas...

Es un cazador muy agresivo, casi exclusivamente de aves pequeñas.

Alimentación

Su dieta es básicamente ornitófaga. Captura gorriones, pinzones, petirrojos, zorzales, mirlos, palomas, urracas... Dependiendo del sexo, sus presas son de diferente tamaño; la hembra puede cazar aves de hasta el tamaño de una paloma. En ocasiones, generalmente en verano, come insectos terrestres y pequeños roedores, como topillos, ratones, gazapos...

Reproducción

Son territoriales en el área de cría. Suelen ocupar la misma zona del año anterior. En la parada nupcial el macho realiza vuelos de planeo, dejándose caer en picado sobre el lugar en que está apostada la hembra. El cortejo se acompaña de chillidos. Realiza señales con la cola (infracoberteras caudales).

*La hembra tiene su dorso parduzco más claro y su
parte inferior es blanquecina con barras horizontales
grises*

*La cabeza, con píleo gris, nuca con marcada mancha
blanca. La cara jaspeada blanco-gris con cejas claras,
mucho más marcadas que en el macho*

Construyen con ramas finas y secas un nido plano y pequeño, cerca del tronco de los árboles. En ocasiones, utilizan nidos viejos de otras aves como palomas y córvidos. Lo tapizan de forraje verde.

Una nidada anual, generalmente entre mayo-junio. Son de las rapaces más tardías en la cría, al igual que el abejero europeo. Puesta de 3-7 huevos, normalmente 4-5, de color blanco azulado, normalmente con manchas pardas. Tienen forma casi esférica, ligeramente ovalados. Tamaño: 40 x 32 mm. La incubación dura 32-35 días, realizándola solo la hembra. El macho caza. Los pollos permanecen en el nido entre 30-37 días; en esta época son muy agresivos. Los machos salen antes que las hembras y permanecen en las ramas cercanas.

En el primer año, la mortalidad es muy alta, del 65 % al 70 %. Se debe a que los jóvenes suelen posarse en el suelo y ser muy ruidosos, por lo que son fácil presa para los depredadores; o salir volando a terreno abierto y, al coincidir con la apertura de la veda de caza, pueden ser abatidos.

Vuelo

Especialistas del vuelo bajo, entre arbolado, maleza y setos. Se caracteriza por un rápido y fulgurante batir de alas, alternando planeos con las alas planas. En el vuelo de caza se aúnan la velocidad y soltura con la destreza en la ejecución del lance.

Silueta en vuelo coronado

La envergadura es de 2,1 su longitud. Vuelo bajo. Silueta característica de los *Accipiter*, con alas cortas, anchas y redondeadas, y cola larga. Parte inferior ondeada, de color anaranjado en el macho y gris en la hembra. Muy conspicuas las alas rayadas y las infracoberteras caudales blancas.

Voz

Es una rapaz silenciosa, que junto a su pequeño tamaño y a la actitud de acecho, permaneciendo mucho tiempo posado e inmóvil, puede pasar desapercibido. En época de cría o como grito de alarma realiza series rápidas de chillidos *guik-guik-guik*.

Especies parecidas por su aspecto físico

Un macho de **azor común** puede ser confundido con una hembra de gavilán. Pero aquel tiene la cabeza más larga. Las alas, menos redondeadas y más anchas en la base. La cola, más corta y las plumas bajo el nacimiento de la cola, más visibles en blanco. Las patas, más cortas y robustas.

El **cernícalo vulgar.** Su silueta de vuelo es muy diferente, con alas largas, estrechas y afiladas, así como su plumaje. Sin embargo, puede tener en algún momento vuelos similares, aunque con más aleteos entre desplazamientos.

Principales amenazas

- Alteraciones y pérdidas de hábitats. Roturaciones en zonas de arbolado.
- Empleo masivo de pesticidas, plaguicidas y herbicidas.
- Incendios forestales.
- La presión demográfica, procedente de las propias zonas o por motivos turísticos.
- Expolio de nidos con robo de huevos y pollos. Cetrería ilegal.
- Acoso y persecución directa. Caza ilegal.
- Choque con tendidos eléctricos o aspas de aerogeneradores.

Milano real

Rapaz ligera y muy elegante. Su silueta inconfundible se define por las alas largas y angulosas (similar a la de los aguiluchos), pero con una peculiar cola ahorquillada. Características, sus manchas carpales blancas. Cazador todo terreno. En su dieta alterna la carroña y los desechos, con pequeños animales que suele capturar en el suelo. Su vuelo es muy ágil y elástico. Pasa mucho tiempo en el aire. En España lo encontramos durante todo el año.

CLASE: Aves
ORDEN: Accipitriformes
FAMILIA: *Accipitridae*
ESPECIE: *Milvus milvus.* Linnaeus 1758
NOMBRE COMÚN: Red kite (ing.), milhafre-real (port.), milà reial (cat.), miru gorria (eusk.), millafre real (gal.), esparbero abadexero (ara.)
LONGITUD: 60-65 cm
ENVERGADURA: 140-170 cm
PESO: 750-1200 g
SEXO: Plumaje igual para ambos sexos. Hembra algo mayor que el macho. Similar en tamaño, pero mucho mayor en peso. DSI: 86 %. Tamaño: 3 %. Peso: 28 %
LONGEVIDAD: Hasta 25 años
VIDA SOCIAL: Pequeñas bandadas. Muy sociable
UBICACIÓN: Poblador de gran parte de Europa central y del sur
MOVIMIENTOS: Migratorio parcial, aunque en la península ibérica y Baleares es especie residente regular, con invernantes extrapirenaicos
POBLACIÓN Y TENDENCIA: Común con tendencia a declive fuerte en los últimos años
ESTADO DE AMENAZA: En Peligro de extinción (EN). UICN 3.1: Casi amenazado (NT)

Rasgos de campo

Rapaz de mediano tamaño.

Tiene la cabeza de color gris pálido y finamente listada de oscuro. Cera amarilla. La base del pico de color amarillo y su punta de color negruzco. El iris de color ámbar.

El plumaje del dorso es de color castaño rojizo. Su parte inferior, rojiza aladrillada con listas verticales oscuras.

Las alas largas y anguladas. Mano con cinco dedos. Primarias negruzcas y muñecas (zonas carpales) con mancha negra anterior y blanca posterior marcada. En el ave posada, los extremos de las alas llegan hasta la horquilla de la cola.

Cola característica, profundamente ahorquillada, larga y rojiza.

Patas de color amarillo. Sus garras, poco especializadas debido al tipo de alimento que ingiere; son más pequeñas y débiles que en otras aves de presa.

Los jóvenes son normalmente de coloración más clara y uniforme que los adultos.

Hábitat

Depende de la época del año. Lo encontramos en las lindes de bosques o bosques abiertos (de pino carrasco, encinar, sabinar, sotos ribereños, montanos, hayedos...), cercanos a zonas abiertas donde obtiene el alimento. En invierno, en valles bajos y amplios, en campos abiertos e, incluso, cerca de zonas de población, donde consiguen comida. Al atardecer se desplaza y junta en bandos en dormideros.

DISTRIBUCIÓN GEOGRÁFICA

Su área de distribución ocupa el sur y centro de Europa, y puntos muy concretos del noroeste de África, no encontrándolo en otra parte del planeta.

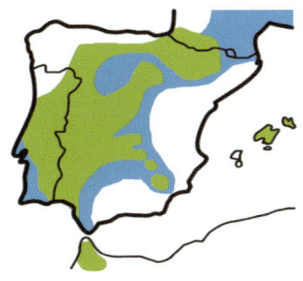

Residente habitual durante todo el año en gran parte de la península ibérica y Baleares. Tiene una distribución desigual, ocupando zonas del interior y evitando los litorales peninsulares.

La población regular se ve incrementada de forma notable en épocas frías por aves invernantes del resto de Europa, principalmente de Francia y Alemania. Llegan sobre octubre y regresan a sus zonas de cría en febrero-marzo. Solo una pequeña parte de los europeos atraviesa el estrecho de Gibraltar con destino a Marruecos. España es el principal destino invernal para la especie.

LA CAZA

Remonta en círculos amplios, siendo un magnífico planeador. Normalmente vuela a poca altura en terrenos abiertos, buscando su botín. Con el aire de cara permanece ingrávido en el cielo, moviendo solo su cola escotada tan característica, para luego dejarse caer en picado en caso de tratarse de presa viva y atraparla con sus garras. Su porcentaje de éxitos no es brillante. Si es carroña, pierde de forma progresiva altura.

Prefiere las capturas en el suelo, pero también atrapa al vuelo pequeños pájaros o grandes insectos.

Es frecuente que piratee despojos y carroña a córvidos.

ALIMENTACIÓN

Su característica es la absoluta falta de especialización. Su dieta es muy variada y está en relación con la disponibilidad y, por tanto, con la época del año. En invierno predominan la carroña y los desperdicios. Por ello, lo podemos ver cerca de basureros, granjas, afueras de núcleos de población y carreteras donde aprovechan la carroña de los atropellos.

En época de cría caza pequeños mamíferos, generalmente roedores (gazapos, ratas...), reptiles (culebras y lagartos), anfibios, grandes insectos (escarabajos, saltamontes...) y aves mermadas o jóvenes (palomas, estorninos, tordos...).

REPRODUCCIÓN

Las parejas se mantienen fieles y emplean la misma zona de cría cada año.

Con sus llamativos reclamos, intentan atraer a otros congéneres. El cortejo nup-

Dormidero

cial se acompaña de vuelos de pasada, planeos y picados sobre la zona de nidificación, incluso tirabuzones cogidos por las garras.

Anidan sobre árboles, generalmente de gran tamaño, construyendo o aprovechando nidos de córvidos o de otras rapaces. Lo mejoran aportando ramas y material diverso (trapos, cuerdas, lana, tierra, musgo, incluso plásticos...), pero no hojas. Pueden alcanzar tamaño considerable, cercano al metro de diámetro. El nido está en el territorio de la pareja, alternando bosque y terreno abierto para la caza, pudiendo tener varios nidos potenciales. Se suele mantener el mismo del año anterior si la nidada ha terminado con éxito.

Realizan una nidada anual, generalmente entre marzo-mayo. Puesta de 1-5 huevos, normalmente 2-3, de color blanco mate, manchados de pardo-rojizo, a intervalos de 3 días. Tamaño: 57 x 45 mm. La incubación dura 28-32 días, realizándola principalmente la hembra, aunque el macho suele colaborar mientras la hembra come. El macho suele cazar y es la hembra quien distribuye el alimento. Los pollos permanecen en el nido entre 45-55 días. Aunque al principio exista bastante diferencia de tamaño entre hermanos, no existen demasiados altercados.

Vuelo

Aleteos regulares, profundos, pero suaves y lentos. Son ágiles, ligeros, elásticos y flexibles. Con el viento de pico puede mantenerse inmóvil en el aire, solo moviendo la cola de lado a lado como timón. Planea bien. No suele ganar grandes alturas y realiza rápidos descensos.

Silueta en vuelo coronado

La envergadura es 2,4 veces su longitud total. En vuelo es muy fácil de identificar. Alas estrechas, largas y angulosas.

Manchas carpales blancas muy conspicuas en zona posterior de las muñecas, precedidas de otras negras anteriores. Primarias negras. Característica es su cola profundamente ahorquillada, rojiza.

Voz

Generalmente silencioso, en cualquier caso, menos ruidoso que el milano negro, salvo cuando disputa por la comida. Como reclamo de pareja, un maullido largo y agudo, *uiiuu-uiiuu*, cuando vuela, terminado en 3-4 silbidos cortos, *hi-hi-piu*, que se pueden parecer a los del busardo ratonero. Si está exaltado, sus chillidos son más agudos.

Especies parecidas por su aspecto físico

El **milano negro** es algo menor en tamaño. Su color, uniformemente más oscuro rojizo. Las alas son menos anguladas y más cortas, careciendo de las manchas carpales blancas. Y su cola es menos escotada.

Principales amenazas

◦ Intensa transformación o alteración del hábitat.
◦ Empleo masivo de pesticidas, plaguicidas y herbicidas.
◦ Alteración y destrucción de su hábitat de nidificación.
◦ Competencia con córvidos que los desalojan de sus áreas de cría, con destrucción de huevos y pequeños pollos.
◦ Disminución de la cabaña caballar.
◦ Cierre de vertederos y muladares.
◦ Abandono de los sistemas de ganadería tradicional, como la práctica de pastoreo o la ganadería extensiva.
◦ Expolio de nidos con robo de huevos y pollos.
◦ Acoso y persecución directa. Caza ilegal.
◦ Empleo de cebos envenenados. La especie es muy sensible.
◦ Choque con tendidos eléctricos o aspas de aerogeneradores.
◦ Vulnerable a los atropellos, al ser una especie que utiliza la carretera como lugar de búsqueda de presas atropelladas.
◦ Condiciones meteorológicas adversas, como lluvias intensas en época de cría.

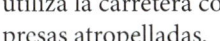

Milano negro

Rapaz algo más pequeña que el milano real. De morfología similar a este, se diferencia por tener la cola menos escotada y el plumaje mucho más oscuro. Aunque puede coincidir con aquel, su hábitat suele estar junto a las masas de agua, por tanto, su dieta se amplía a peces y otros animales acuáticos. Mucho más sociable. Solo lo encontramos en nuestras tierras en época estival. Es una de las rapaces más abundantes de Europa.

CLASE: Aves
ORDEN: Accipitriformes
FAMILIA: *Accipitridae*
ESPECIE: *Milvus migrans.* (Boddaert, 1783)
NOMBRE COMÚN: Black kite (ing.), milhafre-preto (port.), milà negre (cat.), miru beltza (eusk.), millafre negro (gal.), esparbero negro (ara.)
LONGITUD: 50-65 cm
ENVERGADURA: 115-150 cm
PESO: 650-1000 g
SEXO: Plumaje igual para ambos sexos. Hembra algo mayor que el macho, sobre todo en peso. DSI: 86 %. Tamaño: 5 %. Peso: 17 %
LONGEVIDAD: Hasta 20 años
VIDA SOCIAL: Gregario. Formando colonias pequeñas
UBICACIÓN: Poblador de gran parte de Europa
MOVIMIENTOS: Migratorio. En España especie estival regular
POBLACIÓN Y TENDENCIA: Abundante con tendencia a incremento moderado
ESTADO DE AMENAZA: Preocupación menor (LC). UICN 3.1: Preocupación menor (LC)

Rasgos de campo

Rapaz de tamaño medio, aunque algo menor que el milano real.

Su pálida cabeza es similar a la del milano real, clara y listada de oscuro, igual que la garganta. Cera de color amarillo y pico de color negruzco. El iris de color ámbar o grisáceo.

El plumaje del dorso es de color pardo muy oscuro (de esta apariencia viene su nombre común); el de su parte inferior, pardo rojizo con listado vertical negro.

Las alas, también, largas y anguladas. Pero su parte inferior es menos contrastada y carece de las manchas blancas, es decir es más oscura de forma uniforme. Normalmente, con seis dedos evidentes. En el ave posada, los extremos de las alas apenas llegan hasta la escotadura de la cola.

Cola larga y escotada, pero no llegando a ser ahorquillada. Es de color marrón-grisácea, con abundante barrado. Puede parecer un abanico en vuelo cuando está abierta.

Patas cortas de color amarillo. Sus garras no están excesivamente desarrolladas, por lo que captura a sus presas casi siempre en el suelo.

El plumaje de los jóvenes es algo más claro, pero al primer año de vida ya adquieren el plumaje de adultos.

Hábitat

Lo podemos ver en casi toda clase de hábitats, pero no le gusta el bosque cerrado. En especial, en monte bajo, vegas fluviales, pastizales, cultivos...

En época de nidificación lo encontramos en zonas de bosques muy abiertos o campiñas con arbolado. Por su alimentación prefiere áreas cercanas a masas de agua, frecuenta ríos de cauce lento, lagos y marismas. También lo hallamos junto a las carreteras, en los vertederos y junto a granjas o núcleos urbanos.

Al atardecer, bandos de individuos jóvenes o inmaduros forman dormideros en bosquetes o sotos.

El rango de cotas donde lo encontramos comprende desde el nivel del mar hasta los 1000 m de altitud.

Distribución geográfica

Rapaz especialmente migratoria, de ahí su nombre científico. Probablemente, la rapaz más común a nivel mundial y con una distribución más amplia.

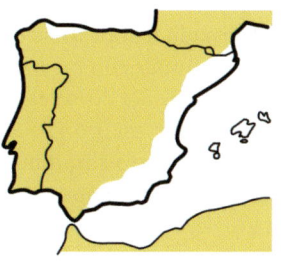

Invernan en África tropical. En marzo atraviesan el estrecho de Gibraltar y llegan a la península ibérica y al resto de Europa. Pasan todo el periodo de cría y en agosto vuelven a sus cuarteles de invierno, también por el estrecho.

Se encuentra en casi toda Europa, salvo en Irlanda, Gran Bretaña y parte de Finlandia, de forma cuantiosa.

En España es abundante, localizándose en gran parte de la Península, principalmente en la zona occidental y siendo muy escasos en los litorales cantábrico y mediterráneo. Aunque en pequeña cantidades, es regular en Canarias.

En esta migración Eurasia-África tropical se producen concentraciones importantes (60 000 individuos en otoño) en el paso de Gibraltar, correspondiendo la mitad a aves que crían en España. Es la rapaz, después del abejero europeo, más numerosa en el Estrecho. Últimamente, resulta habitual ver ejemplares en invernada, sobre todo en Extremadura y Andalucía occidental. Entonces, se suelen juntar con los milanos reales en dormideros.

La caza

Es un modesto cazador que se conforma con animales débiles o muertos y basura. Normalmente, captura presas más fáciles que el milano real.

Vuela a poca altura, permaneciendo inmóvil, rastreando su presa, para caer, después, sobre su alimento.

En la alimentación es muy gregario, y es muy corriente observar riñas y trifulcas en la disputa por la comida.

Alimentación

Rapaz muy oportunista. Probablemente, su abundancia en número dependa, en gran medida, de su alimentación omnívora.

*Realizan el nido
sobre árboles*

Su dieta, como la del milano real, es muy diversa, prácticamente, todo lo que encuentra. Se nutre de carroña y desperdicios, por ello se les ve cerca de granjas, basureros, núcleos de población, carreteras (donde puede encontrar animales muertos), desagües de alcantarillas en los ríos de grandes ciudades... Precede a los buitres en los grandes cadáveres.

Caza pequeños roedores (conejos, ratas de agua...), insectos terrestres o aéreos, pequeños reptiles, anfibios, pequeñas aves, moluscos, crustáceos... Al ser ribereños, puede capturar al vuelo peces de la superficie del agua, normalmente muertos o debilitados.

En ocasiones practica el cleptoparasitismo, pirateando a otras rapaces.

Reproducción
El macho retorna de África con antelación, toma posesión de su territorio habitual y espera la llegada de la hembra.

En el cortejo nupcial realizan una exhibición de vuelos acrobáticos. La pareja asciende hasta gran altura, realiza largos planeos sobre su territorio y luego se dejan caer en picado casi hasta el suelo, barrenas, caídas con las uñas entrelazadas... Emiten abundantes señales sonoras.

Anidan, generalmente formando colonias, aunque en ocasiones lo hacen en solitario. Construyen el nido sobre árboles o aprovechan nidos viejos de córvidos o rapaces. Aportan para su reparación todo tipo de materiales, como palos, barro, cuerdas, telas, plásticos, sacos... Sin embargo, raramente se encuentran hojas verdes o material vegetal. Pueden utilizarlo año tras año.

De recién nacidos el plumón no es blanco, sino gris-pardo con motas claras

133

Realizan una nidada anual, generalmente entre abril-junio. Puesta de 1-5 huevos, normalmente 2-3, de color blanco, manchados en rojizo, a intervalos de 2-3 días. La duración de la incubación es muy variable, entre 25-38 días. El macho no suele colaborar en la incubación, aunque se ocupa de la defensa del territorio y del aporte de alimentos. Los pollos permanecen en el nido entre 40-50 días.

VUELO

Aleteos regulares, profundos y lentos. Con buenos planeos con las alas planas. Puede permanecer estático en el aire. No suele alcanzar importantes alturas. En el aire es un ave ágil, aunque no tan elegante como el milano real.

SILUETA EN VUELO
CORONADO

La envergadura es 2,4 su longitud total. Alas largas y anguladas, de color rojizo oscuro, sin manchas carpales. Cola escotada, pero menos que el milano real, incluso puede verse triangular cuando está totalmente abierta.

VOZ

Durante la época de cría es muy vocinglero. Una llamada muy corriente es un silbido largo, agudo y tembloroso, *kuii-ier*, como un relincho. Cuando está alarmado emite gritos *ki-ki-ki-ki*.

ESPECIES PARECIDAS POR SU
ASPECTO FÍSICO

El **milano real** es algo mayor, más esbelto y elegante. Su plumaje no es tan oscuro. Sus alas, más largas y angulosas, con marchas carpales blancas y cinco dedos. Su cola, más larga y profundamente ahorquillada. Tiene un vuelo más ágil.

Fase oscura del **águila calzada**. Tiene un obispillo pálido. Cola cuadrada. Alas planas.

El **aguilucho lagunero**. Por el tipo de planeo y por su librea de tonos similares. Sus alas, menos anguladas y su cola, rectangular, sin escotadura. Sus patas, más largas.

Principales amenazas

∘ Intensa alteración del hábitat, con contaminación del agua. La especie es muy sensible.
∘ Empleo masivo de pesticidas, plaguicidas y herbicidas.
∘ Alteración y destrucción de su hábitat de nidificación.
∘ Cierre de vertederos y muladares.
∘ Abandono de los sistemas de ganadería tradicional, como la práctica de pastoreo o la ganadería extensiva.
∘ Expolio de nidos con robo de huevos y pollos.
∘ Acoso y persecución directa. Caza ilegal.
∘ Empleo de cebos envenenados.
∘ Choque con tendidos eléctricos o aspas de aerogeneradores. La especie es especialmente sensible.
∘ Vulnerable a los atropellos, al ser una especie que utiliza la carretera como lugar de búsqueda de presas atropelladas.

Buitre leonado o común

Es el más común de los buitres que habitan en España. Rapaz de gran tamaño que se alimenta de animales muertos. Ha estado fuertemente ligado a las actividades de pastoreo del hombre, realizando una eficaz labor sanitaria. Su silueta de vuelo es característica: alas largas y anchas con "los dedos" muy separados y cola corta y cuadrada. Es un maestro velero, que recorre grandes distancias sin batir las alas, localizando la carroña gracias a su extraordinaria vista. Pasa mucho tiempo sin moverse, descansando en las repisas de los riscos.

CLASE: Aves
ORDEN: Accipitriformes
FAMILIA: *Accipitridae*
ESPECIE: *Gyps fulvus.* (Hablizl, 1783)
NOMBRE COMÚN: Griffon vulture (ing.), grifo-comum (port.), voltor comú (cat.), sai arrea (cusk.), voitre (gal.), güeitre (ara.)
LONGITUD: 95-110 cm
ENVERGADURA: 230-270 cm
PESO: 7-11 kg
SEXO: Plumaje igual para ambos sexos. Hembra algo mayor que el macho. DSI: 92 %. Tamaño: 5 %. Peso: 10 %
LONGEVIDAD: Hasta 25 años
VIDA SOCIAL: Colonias. Muy gregario en la caza y en la nidificación
UBICACIÓN: En Europa tiene una distribución, preferentemente mediterránea. Poblador de gran parte de España peninsular, Balcanes y Turquía
MOVIMIENTOS: Sedentario, con trashumancias. En España, especie residente regular
POBLACIÓN Y TENDENCIA: Abundante con tendencia a incremento
ESTADO DE AMENAZA: Preocupación menor (LC). UICN 3.1: Preocupación menor (LC)

RASGOS DE CAMPO

Rapaz muy grande y voluminosa, y una de las más longevas.

Tiene la cabeza y el cuello desnudos, solo recubiertos de un corto plumón blanco cremoso (casi pelados). La cabeza, pequeña. El cuello es largo y extensible, adecuado para introducir la cabeza en la cavidad abdominal de sus presas. En la base del cuello presenta una gran gorguera de plumas de color claro. En la zona del buche existe zona desnuda de color azul pálido que gana en intensidad con la excitación. Ojos ambarinos. Cera gris. Su pico largo, bulboso y fuerte es de color hueso.

El plumaje de la espalda y el dorso de las alas es de color pardo leonado. Las primarias son negras y las secundarias, marrones, que junto a la cola, también de color oscuro, destacan bastante. La parte inferior, de color marrón.

Sus alas son anchas y muy largas. El ápice alar es redondeado, con las primarias muy separadas (como dedos abiertos). La parte inferior de las alas es a dos tonos.

En el ave posada los extremos de las alas cubren totalmente la cola.

La cola es corta, cuadrada y oscura, casi negra.

Sus patas grises son cortas y sin plumas. Las garras, al ser necrófagos, carecen de fuerza prensil y sus uñas son cortas y romas.

En épocas juveniles la gola es de color rojizo y está desflecada. El iris y el pico son de color negro.

Hábitat

Igual habita tierras bajas que regiones de altitud media o alta. Se encuentra en toda clase de terrenos, pero necesita amplias zonas abiertas para la localización de sus presas. Así como roquedos, normalmente zonas de grandes cortados rocosos con repisas donde duerme y nidifica (buitreras) formando colonias. Allí pasa muchas horas descansando y esperando a que el sol caliente el aire y se formen las corrientes térmicas para poder planear.

El rango de cotas donde lo encontramos comprende desde el nivel del mar hasta los 2000 m de altitud.

Distribución geográfica

En España continental se encuentra la mayor población europea con diferencia.
Se halla repartido por casi toda la península ibérica, salvo en Galicia y parte de los litorales cantábrico y levantino. En Baleares solo lo encontramos de forma muy esporádica. La mitad de la población se localiza entre Aragón y Castilla-León.

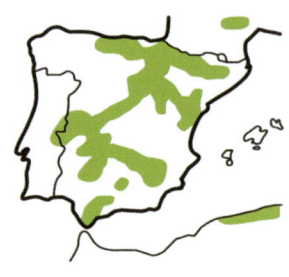

Residente habitual durante todo el año.
Aunque sedentario, realiza desplazamientos estacionales. Individuos jóvenes pueden migrar en octubre por el estrecho de Gibraltar al norte de África para regresar en abril-mayo.

La caza

Caza en colonias. Su supervivencia depende de la colaboración para detectar la carroña. Es capaz de realizar desplazamientos de notable radio.

Asciende en círculos hasta ganar altura. Allí se reparten el territorio a explorar, realizando amplios movimientos para buscar la carroña. Los sentidos del olfato y del gusto son malos, pero se valen de su estupenda vista y memoria para alimentarse. Su agudísima vista sirve tanto para localizar a la presa como para divisar los movimientos de otros buitres o de los pequeños carroñeros (córvidos o milanos) cuando se alimentan. En ese momento se lanza en picado con las alas semicerradas y las patas estiradas. Este comportamiento es visto por otros buitres e imitado, y en poco tiempo toda la colonia está reunida junto al cadáver. Para el aprovechamiento de éste, se establece una jerarquía, existiendo un buitre con posición dominante. Aunque la conducta de defensa del primer bocado parece muy agresiva, es sobre todo disuasoria y solo la puede mantener durante un periodo breve, pues está en desventaja cuando se alimenta.

La intensidad del hambre, con la producción y secreción de jugos digestivos, está en proporción con la agresividad y, por tanto, con la posición dominante.

Si hay comida, comen hasta estar hartos; a veces, cuando han terminado les cuesta trabajo remontar el vuelo.

Pico poderoso, cabeza y cuello desplumados, y marcada gorguera de plumas

Como a otros buitres, les gusta ir a charcas y bebederos a beber, limpiarse y chapuzarse, secándose luego al sol con las alas entreabiertas.

Alimentación

Exclusivamente necrófago. Se alimenta de carroña de grandes animales domésticos o silvestres, muchas veces ungulados. Entre aquellos, principalmente ovejas, cabras, vacas, caballos, mulas, asnos y perros. Entre los animales salvajes más frecuentes, que pueden haber muerto por despeñe, causas naturales o malheridos por cazadores, mencionar el zorro, el jabalí, el corzo, el ciervo, el sarrio y la cabra montés.

Prefiere las partes blandas y vísceras. Para ello se introduce literalmente dentro del cadáver y, en muchas ocasiones, presenta la cabeza, cuello y gorgera teñidos de sangre.

A pesar de tener defectos, con cierta frecuencia se nutre en lugares de alimentación especial o cebaderos (comederos controlados donde se llevan cadáveres de animales domésticos).

En la construcción del nido
ambos colaboran

Reproducción

Las parejas permanecen unidas de por vida.

Van muy adelantados y ya en diciembre empiezan las paradas nupciales. El cortejo, no excesivamente espectacular, consiste en realizar vuelos circulares, rozándose entre la pareja, sobre el sitio de nidificación. En ocasiones, alternados con picados.

Anidan en cornisas desnudas de altos riscos (buitreras). Lo hacen en colonias, a veces de cientos de parejas, aunque respetan una distancia de seguridad de escasos metros entre los nidos. Colaboran ambos en la construcción del nido, aportando ramas y variado material. Forman una estructura no perfectamente definida de unos 60-120 cm de diámetro y de 20-30 cm de profundidad, forrada de hierba, musgo, pelos, plumas... Son muy variables en la forma de construir el nido y en su carácter. Cuando la disponibilidad de cortados es escasa o la densidad de buitres es alta pueden ocupar nidos de otras especies rupícolas, como el quebrantahuesos, el alimoche común, el águila real, el águila-azor perdicera..., incluso ubicarse sobre árboles, aprovechando nidos de buitre negro o águila imperial.

El nido se suele situar sobre cuevas o repisas de grandes cortados

Realizan una nidada anual, generalmente entre febrero-marzo. Puesta de 1 solo huevo, de color blanco o ligeramente moteado. Tamaño: 90 x 70 mm. La incubación dura 48-55 días. Aunque con más dedicación la hembra, ambos se relevan para empollar el huevo. Cuando el pollo nace, los padres lo ceban regurgitando el alimento y la bebida a intervalos frecuentes. Los pollos permanecen en el nido sobre 120 días.

Vuelo

Son los maestros del planeo. Pueden volar sin hacer un solo movimiento apreciable de alas, solo imperceptibles movimientos de cola. Así recorren enormes distancias sin apenas gastar energía. En los planeos de remonte lleva las alas rectas en V abierta. En el planeo lleva las alas anguladas, con brazos planos y las manos caídas.

Cuando inicia el vuelo o para alcanzar corrientes ascendentes de aire caliente realiza algún aleteo profundo y pesado.

Silueta en vuelo coronado

Rapaz de gran envergadura. Esta es 2,5 veces su longitud total.

Alas largas y anchas con las primarias desplegadas. Cola corta, cuadrada.

Contrasta su color claro leonado anterior con el oscuro posterior de sus rémiges y cola. Los tonos dependen mucho de la edad del ave o de la incidencia de la luz.

En vuelo el cuello se ve corto, pues lo lleva recogido.

Voz

Generalmente silencioso, salvo en disputa por los mejores emplazamientos en posaderos, por la comida y en la época de cría. Jadeos, gritos, notas sibilantes y bufidos.

Especies parecidas por su aspecto físico

Buitre negro. Existen marcadas diferencias, tanto en sus características morfológicas como en su comportamiento.

Entre las primeras, aunque es algo mayor, sus proporciones son muy similares a simple vista. Cabeza más grande. El pico es oscuro y también mayor. Cera y patas azuladas. El plumaje es pardo oscuro de forma uniforme. La cola algo más larga y apuntada. Las garras, con algo de capacidad prensil. Planea con las alas planas.

Entre las segundas, no mantiene jerarquía a la hora de repartir el alimento y es más confiado. Puede complementar con animales vivos su dieta carroñera. Solitario. Nidifica sobre árboles.

El **águila real**. Cabeza más alargada, más oscura y con cola más larga.

Principales amenazas
○ Disminución de la cabaña caballar.
○ Abandono de los sistemas de ganadería tradicional, como la práctica de pastoreo o la ganadería extensiva.
○ Cierre de vertederos y muladares.
○ Expolio de nidos con robo de huevos y pollos.
○ Acoso y persecución directa. Caza ilegal.
○ Empleo de cebos envenenados.
○ Choque con tendidos eléctricos o aspas de aerogeneradores.
○ Condiciones meteorológicas adversas, como lluvias y nieblas intensas en época de cría.

Buitre negro

Es probablemente el ave de mayor envergadura y la más pesada de Europa. Rapaz majestuosa, impresionante. Habita en manchas forestales. Llamado *monachus*, por su aire de monje (cuello pelado y copete en la coronilla). Aunque parecido al buitre leonado, es mucho más escaso, de color uniforme más oscuro y con vuelo de planeo menos elegante. Nidifica sobre árboles. Y es de conducta más solitaria que aquel.

CLASE: Aves
ORDEN: Accipitriformes
FAMILIA: *Accipitridae*
ESPECIE: *Aegypius monachus.* Linnaeus, 1766
NOMBRE COMÚN: Black vulture (ing.), abutre-preto (port.), voltor negre (cat.), sai motza (eusk.), voitre negro (gal.)
LONGITUD: 100-120 cm
ENVERGADURA: 260-300 cm
PESO: 7-12 kg
SEXO: Plumaje igual para ambos sexos. Hembra algo mayor que el macho. DSI: 93 %. Tamaño: 3 %. Peso: 7 %
LONGEVIDAD: Más de 35 años. Muy longevos
VIDA SOCIAL: Solitario/bandadas pequeñas
UBICACIÓN: En Europa habita solo en alguna zona mediterránea. Se encuentra en zonas de la península ibérica, de Mallorca y de Balcanes y Turquía
MOVIMIENTOS: Sedentario. En España, especie residente regular
POBLACIÓN Y TENDENCIA: Escasa con tendencia a incremento
ESTADO DE AMENAZA: Casi amenazado (NT). UICN 3.1: Casi amenazado (NT)

Rasgos de campo

Rapaz enorme, con casi 3 m de envergadura. Es una de las aves voladoras mayores del mundo.

Tiene la cabeza y el cuello cubiertos de un corto plumón gris claro. Su cabeza es grande, mayor que la del buitre leonado. Píleo claro. El cuello, largo, presenta un collar o gorguera de color pardo oscuro. Su iris de color castaño. La cera azulada. El pico oscuro, grande y robusto, pues come las partes más duras de los cadáveres y caza algún pequeño animal.

El plumaje es de color pardo oscuro uniforme, que a distancia parece negro.

Sus alas son muy largas y muy anchas, de bordes paralelos. En el ave posada los extremos de las alas cubren totalmente la cola.

La cola es más larga que la del buitre leonado y ligeramente cuneiforme.

Tarsos desnudos y azulados. Las garras, algo más fuertes que las del buitre común, con algo de capacidad prensil.

Los jóvenes tienen una librea mucho más oscura y brillante. Su cabeza está cubierta de un plumón negro y la cera es rosada.

Juvenil   _Adulto_

Hábitat

Es una especie estrictamente forestal. Habita en zonas tranquilas y remotas de las sierras boscosas.

Nidifica y percha sobre árboles, generalmente en pinos y alcornoques, en lugar de sobre roquedos como el buitre leonado.

Busca comida sobre terrenos abiertos, también en zonas montañosas e incluso sobre zonas arboladas abiertas. Se desplaza grandes distancias desde sus lugares de cría.

El rango de cotas donde lo encontramos comprende desde el nivel del mar hasta los 1900 m de altitud.

Distribución geográfica

España es el mayor refugio de la especie en Europa.

Residente habitual del cuadrante surocci-dental, principalmente en Extremadura y zonas limítrofes, así como en el norte de Mallorca.

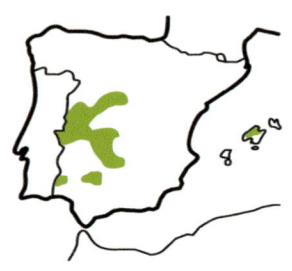

Recientemente se ha extendido a zonas del Sistema Ibérico, serranías béticas, burgale-sas y del Prepirineo.

La caza

Patrullan en solitario o en pequeñas bandadas. Suele escudriñar el territorio a menor altura y de forma meticulosa, incluso en zonas de espesura donde otros carroñeros no acceden.

Generalmente, comparte la carroña con otros buitres.

Complementa su alimentación cazando presas vivas como conejos o liebres, normalmente débiles, para lo cual se ayuda de su poderoso pico y sus garras algo prensiles.

Es un buitre menos desconfiado que el leonado y, cuando localiza la comida, se lanza directamente sobre ella sin realizar grandes vuelos circulares sobre la carroña.

Parece que no existe jerarquía como en el caso de los buitres comunes. Conforme van llegando tienen luchas y altercados con sus congéneres para desplazarlos de la comida, pero rara vez atacan a los leonados, que comparten la carroña.

Como a otros buitres, gusta de ir a beber, chapuzarse y limpiarse a charcas y bebederos, secándose luego al sol con las alas entreabiertas.

Alimentación

Casi exclusivamente necrófago, se alimenta de carroña de grandes animales, generalmente de ungulados, domésticos o salvajes. Prefiere los tejidos duros y consistentes, como músculos, incluyendo las zonas tendinosas y cartilaginosas.

En algunas ocasiones puede capturar pequeños mamíferos débiles, mermados o enfermos, generalmente conejos o liebres.

También se nutre en lugares de alimentación especial o cebaderos.

Reproducción

Aunque de carácter solitario, anida en pequeñas colonias laxas.

La pareja está unida de por vida. El cortejo comienza en febrero. Consiste en realizar vuelos de planeo en paralelo, casi rozándose, en perfecto sincronismo, sobre la zona de nidificación.

Anidan en las copas planas de los árboles, esto les permite aterrizajes desde las alturas en bosques. Lo hacen en árboles aislados de la masa forestal o de monte bravío. Suele elegir alcornoques y pinos, también encinas, enebros y robles.

Cada pareja suele disponer de varios nidos cercanos (2-3), respetando una distancia mínima de 150 m y máxima de un kilómetro. En cada periodo reproductor los pueden alternar. Ambos padres colaboran en la reparación o construcción. Los nidos tienen un tamaño acorde con el ave y pueden pasar de los 3 m de diámetro y de 2 m de altura. Como se pueden utilizar año tras año, algunos alcanzan dimensiones enormes. Están realizados de gruesas ramas y revestidos de hierbas, gramíneas secas, lanas, pelos...

Realizan una nidada anual, generalmente entre febrero-abril. Puesta de 1 huevo, de color blanco, algo manchado de pardo rojizo. Tamaño: 90 x 70 mm. La incubación dura 50-54 días. Ambos se turnan para empollar el huevo. Cuando el pollo nace, los padres lo alimentan regurgitando el alimento y el agua. Al estar el nido a la acción directa del sol, si calienta mucho, los padres le dan sombra con sus alas y lo hidratan repetidamente.

Son las rapaces cuyos pollos permanecen más tiempo en el nido, sobrepasando los 4 meses.

Los padres dedican casi el 90 % de su actividad anual a la reproducción.

Vuelo

Su vuelo en planeo es majestuoso, aunque algo menos elegante que el del buitre leonado, al llevar en los planeos las alas planas con las manos caídas.

Con aire frío o al iniciar el vuelo desde el nido, suelo o árbol, realiza algún aleteo profundo y pesado, pero aprovecha formidablemente cualquier aire cálido para planear durante largo tiempo.

Silueta en vuelo coronado

Buitre de gran envergadura. Esta es 2,5 veces su longitud total.

Impresionante por el largo y ancho de sus alas, de forma rectangular. Cola algo apuntada.

Color oscuro de forma casi uniforme.

Voz
Normalmente es muy silencioso. Solamente en la época de cría emite notas silbantes.

Especies parecidas por su aspecto físico
Buitre leonado. Existen diferencias tanto en sus características morfológicas como en su conducta.

Entre las primeras: aunque de proporciones son muy similares, es algo menor. Cabeza y pico más pequeños, este de color hueso. Cera y patas grises. El plumaje es a dos tonos, leonado y pardo oscuro. La cola, algo más corta. Los dedos, sin capacidad prensil. Característico planeo de remonte con alas en V abierta.

Entre las segundas: se mantiene jerarquía a la hora de repartir la carroña, su único alimento. Forma colonias de cría y caza en bandadas. Nidifica sobre repisas de roquedos.

El **águila real**. Cabeza más alargada, color más oscuro y con cola más larga. Este buitre es mucho mayor y de forma más rectangular que cualquier otra águila de la fauna europea.

Principales amenazas
○ La presión demográfica, procedente de las propias zonas o por motivos turísticos.
○ Poda y tala de los árboles donde se asentaban los nidos.
○ Disminución de la cabaña caballar.
○ Abandono de los sistemas de ganadería tradicional, como la práctica de pastoreo o la ganadería extensiva.
○ Cierre de vertederos y muladares.
○ Expolio de nidos con robo de huevos y pollos.
○ Acoso y persecución directa. Caza ilegal.
○ Empleo de cebos envenenados.
○ Choque con tendidos eléctricos o aspas de aerogeneradores.

Alimoche común

Rapaz de mediano tamaño, es el menor de los buitres europeos. Tiene la cara y el pico amarillos, y su plumaje es de color blanquecino, salvo una franja posterior negra en las alas. Característica es su cola en forma de cuña. Su aspecto es inconfundible. Se alimenta principalmente de los restos de carroña que le dejan los buitres mayores. Puede utilizar instrumentos para la obtención de alimentos, pues es capaz de abrir huevos con piedras.

CLASE: Aves

ORDEN: Accipitriformes

FAMILIA: *Accipitridae*

ESPECIE: *Neophron percnopterus.* Linnaeus, 1758

NOMBRE COMÚN: Egyptian vulture (ing.), britango (port.), aufrany (cat.), sai zuria (eusk.), voitre branco (gal.), boleta (ara.)

LONGITUD: 60-70 cm

ENVERGADURA: 150-170 cm

PESO: 1600-2300 g

SEXO: Plumaje igual para ambos sexos. Hembra similar en tamaño al macho, pero algo mayor en peso. DSI: 98 %. Tamaño: 3 %. Peso: 10-15 %

LONGEVIDAD: Hasta 15 años

VIDA SOCIAL: Solitario/pequeñas bandadas

UBICACIÓN: En Europa tiene una distribución mediterránea en época de cría. Se significa en España peninsular e insular. Raro en el sur de Francia, de Italia y en los Balcanes

MOVIMIENTOS: Migratorio parcial. En España, especie estival regular

POBLACIÓN Y TENDENCIA: Escaso con fuerte regresión en las últimas décadas, con tendencia incierta

ESTADO DE AMENAZA: Vulnerable (VU). UICN 3.1: En Peligro (EN)

Rasgos de campo

Aunque mayor que un águila mediana, es el más pequeño, ligero y desaliñado de nuestros buitres. Es una de nuestras rapaces diurnas con menos DSI.

Su pequeña cabeza y garganta están peladas y recubiertas de una piel rugosa amarillo anaranjada. Ojos pardo-rojizos. Cera amarilla. El pico, también amarillo, con punta negruzca, pero más fino, ganchudo y afilado que en otros buitres, que le sirve para picotear y no para desgarrar. Tiene una gorguera con plumas despeinadas de color blanquecino-amarillo.

Característico es el color blanco sucio del plumaje de su cuerpo y de la cola.

Sus alas blancas, con una franja posterior negruzca (rémiges primarias y secundarias), son muy largas y bastante anchas, con bordes paralelos. En el ave posada los extremos de las alas llegan hasta la punta de la cola.

La cola, blanca, en forma de cuña o rombo, es característica de esta especie. Más corta que la del quebrantahuesos, pero más larga que la de los buitres leonado y negro.

Patas relativamente largas, de color carne o grisáceas.

Los jóvenes poseen una librea de color pardo oscuro. El alimoche llega a la madurez a los 4-5 años, hasta entonces va aclarando el plumaje en las sucesivas mudas.

Hábitat

Habita zonas abruptas de montaña media. En sierras y valles con riscos y acantilados que les permite alimentarse y nidificar, situados en las inmediaciones de parajes más o menos abiertos. A veces, el escarpe es realmente modesto. Es muy dependiente de vertederos y muladares, y en sus cercanías puede formar dormideros.

El rango de cotas donde lo encontramos comprende desde el nivel del mar hasta los 1800 m de altitud.

Distribución geográfica

Ocupa la zona mediterránea de Europa, aunque España es la mayor reserva con cerca de un 70 % de la población.

Adulto

Juvenil

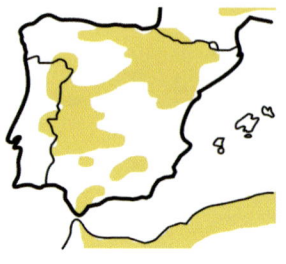

Es migratorio estival en la península ibérica y sedentario en las islas Baleares (Menorca) y Canarias (Fuerteventura). Única rapaz carroñera en las islas Canarias.

En marzo, los adultos, llegan a la Península desde sus cuarteles de invierno. Crían y, sobre septiembre, regresan a África subsahariana. Los jóvenes permanecen allí hasta que alcanzan la madurez reproductora a los 4 o 5 años.

El estrecho de Gibraltar es lugar de paso en la migración, observándose importantes concentraciones.

Caza

Rapaz muy oportunista. A medio camino entre las rapaces estrictamente carroñeras y las cazadoras.

Alimentación

Su alimento principal son los despojos de la carroña que dejan los buitres de mayor tamaño y la carroña de animales pequeños o medianos procedentes de atropellos de carretera. Aprovecha hasta el último pedazo de carne. Se muestra

Su pico largo y fino le sirve para seleccionar y picotear el alimento

*Suelen realizar el nido en repisas o
cavidades de paredes rocosas*

muy desconfiado y sobrevuela mucho el cadáver antes de descender. Existe una marcada jerarquía por edades.

También se alimenta de placentas y excrementos de animales. No desprecia basuras y desperdicios.

Explota basureros, vertederos, muladares. También se aprovecha de excrementos de ganado doméstico, llamado por ello "boñiguero".

En ocasiones, puede capturar pequeños vertebrados, reptiles, anfibios, peces, insectos, pequeños crustáceos, gasterópodos (caracoles)...

Es capaz de utilizar instrumentos para alimentarse (extremo limitado a muy pocas especies animales). Con el pico coge piedras que las lanza contra la cáscara de grandes huevos de otras aves con la intención de romperlos para alimentarse.

Desparasita ganado, principalmente de ácaros como las garrapatas.

Reproducción

En la parada nupcial realizan vuelos de sincronísmo en círculos, marcando su territorio. También se ven picados y vuelos en montaña rusa.

Anidan en repisas protegidas o pequeñas cuevas de peñascos. En la construcción del nido participa la pareja, aportando pequeñas ramas y forrándolo de material diverso, como trapos, lana, pelos, papel, huesos, desperdicios... Frecuentemente, es un lugar sucio y maloliente. Son muy fieles y lo utilizan año tras año.

Realizan una nidada anual, generalmente entre abril-junio. Puesta de 1-3 huevos, normalmente 2, de color blanco sucio. Tamaño: 66 x 50 mm. La incubación dura 42-44 días. Ambos se relevan para empollar los huevos. Si existe mucha diferencia de tamaño en los pollos, el pequeño suele morir. Los pollos permanecen en el nido entre 78-90 días.

Vuelo

Despega del suelo con sorprendente facilidad y es más madrugador en el vuelo que los otros buitres.

En vuelo, su librea blanca
y negra le da un aspecto
elegante

Su vuelo de planeo es muy ágil y ocasionalmente realiza aleteos lentos y profundos. Planea con las alas arqueadas.

SILUETA EN VUELO CORONADO
La envergadura es 2,7 veces su longitud total.

Aunque en el suelo es desgarbado y puede parecer una gran gallina blanca y sucia, en el aire y contra un cielo azulado su silueta es espectacular, inconfundible y no pasa desapercibido. Alas largas y anchas, y cola muy cuneiforme.

Color blanco, con negro intenso en la parte posterior de las alas. La cara amarilla.

Semejante en la silueta de vuelo a la cigüeña blanca y al águila calzada

VOZ
Muy silencioso, prácticamente mudo. Solo emite algún sonido cuando está excitado: *gi-gi-gi*.

Enigmático.

ESPECIES PARECIDAS POR SU ASPECTO FÍSICO
El **águila calzada** en su *fase clara*. Aunque es más pequeña, en vuelo coronado puede confundirse. Pero tiene la cabeza mayor y más lanzada. La cola, larga y no tiene forma de cuña.

La **cigüeña blanca**. Silueta de vuelo parecida, pero con cuello extendido y patas largas colgantes.

El **quebrantahuesos** joven con el alimoche joven en vuelo coronado alto. Es mucho mayor, alas más largas y estrechas.

PRINCIPALES AMENAZAS

◦ Presión demográfica con molestias en las zonas de cría.
◦ Empleo masivo de pesticidas, plaguicidas y herbicidas.
◦ Disminución de la cabaña caballar.
◦ Abandono de los sistemas de ganadería tradicional, como la práctica de pastoreo o la ganadería extensiva.
◦ Cierre de vertederos y muladares.
◦ Empleo de cebos envenenados.
◦ Choque con tendidos eléctricos o aspas de aerogeneradores.

Buitre simpático y tímido

Quebrantahuesos

Imponente rapaz carroñera que prácticamente solo encontramos en los Pirineos y es capaz de aprovechar los huesos. Es una de las rapaces más bellas. Llamado también buitre barbudo por poseer unas elegantes y peculiares plumas en la base del pico. Se diferencia del resto de los buitres por tener plumas en cabeza y cuello. Su silueta de vuelo es inconfundible, con alas estrechas y largas, y gran cola oscura con forma de cuña.

CLASE: Aves

ORDEN: Accipitriformes

FAMILIA: *Accipitridae*

ESPECIE: *Gypaetus barbatus.* Linnaeus, 1758

NOMBRE COMÚN: Lammergeier (ing.), brita-ossos (port.), trencalòs (cat.), ugatza (eusk.), quebraósos (gal.), rompehuesos, cluchigüesos (ara.)

LONGITUD: 100-130 cm

ENVERGADURA: 240-290 cm

PESO: 5-8 kg

SEXO: Plumaje igual para ambos sexos. Hembra similar en tamaño al macho.

DSI: 98 %. Tamaño: 3 %. Peso: 10 %

VIDA SOCIAL: Solitario

UBICACIÓN: En Europa ocupan algunos puntos mediterráneos como Córcega, Creta, Grecia y Turquía. Reintroducido en los Alpes. En España, habita en los Pirineos y la cordillera Cantábrica (reintroducido)

MOVIMIENTOS: Sedentario. En España, especie residente regular

POBLACIÓN Y TENDENCIA: Muy escaso, con tendencia al incremento o a la estabilización

ESTADO DE AMENAZA: Vulnerable (V). UICN 3.1: Casi amenazado (NT)

Rasgos de campo

Grande y robusto, de envergadura similar al buitre común. Inconfundible. Es una de nuestras rapaces con menos DSI.

Tiene la cabeza y el cuello recubiertos de plumas, a diferencia de otros buitres. Su cabeza, pequeña pero prominente, es blanca, destacando un característico antifaz negro que une el ojo con la base del pico. Los párpados rojo vivo. El iris amarillo. El fuerte pico es de color gris negruzco y tiene una mandíbula superior muy ganchuda. La lengua, en forma de gubia, es rígida y está diseñada para sacar la médula ósea. A modo de barba posee unas rígidas plumas negras bajo el pico que crecen con la edad. El cuello, poderoso.

El plumaje de dorso, alas y cola es gris oscuro, destacando el del pecho y vientre, de color anaranjado vivo. Esto se debe a tinciones exógenas, pues cuando mudan es de color blanco, siendo en la naturaleza donde adquiere ese color cobrizo debido a pigmentos naturales de óxido de hierro (falta en las aves cautivas).

Sus enormes alas, muy largas y estrechas y algo puntiagudas. En el ave posada los extremos de las alas terminan bastante antes de la punta de la cola.

Adulto

La cola, grande, muy cuneiforme y oscura.

El tarso está emplumado hasta los pies, como las águilas verdaderas, siendo los calzones también de color naranja. Patas gris azuladas con fuertes uñas negras.

Los jóvenes son de color oscuro uniforme, con alguna mancha blancuzca. Este plumaje pasa al del adulto hacia los 5 o 6 años.

Hábitat
Se encuentra en zonas montañosas, con variados ecosistemas: cortados rocosos, cañones, barrancos, pastos y prados alpinos, laderas de bosque...

Gusta de lugares de alta montaña tranquilos, remotos y salvajes.

El rango de cotas donde lo encontramos comprende desde los 600 hasta los 2100 m de altitud.

Distribución geográfica
Después de Turquía, la cordillera pirenaica es el segundo lugar en cuanto a población de Europa. También existe un pequeño número en Grecia y Córcega, y montañas del Atlas.

En España lo encontramos en los Pirineos. También hay un grupo extrapirenaico en montañas del país vasco y cordillera Cantábrica, donde ha sido reintroducido con ejemplares oscenses. Existe un programa de reintroducción en Picos de Europa y Andalucía. Es residente habitual.

Ave territorial, pero con extensas áreas de deambulación.

Caza
No puede competir con los buitres leonados y negros, y aprovecha lo que estos han dejado, piel y, sobre todo, huesos de los mamíferos salvajes (sarrio, jabalí, corzo, ciervo, marmotas...) o del ganado (ovejas, cabras, vacas, caballos...). Es el último eslabón en el aprovechamiento de la carroña.

ALIMENTACIÓN

Única ave osteófaga, es decir, capaz de aprovechar los huesos. Utiliza para tal fin unos lugares pedregosos llamados rompederos.

Planea durante horas, en un vuelo ágil, en busca de los restos dejados por otras aves carroñeras. Coge con sus garras los huesos grandes, remonta hasta alturas de 50-80 m y los deja caer sobre el rompedero. Esta operación puede repetirla varias veces. Así puede ingerir los trozos y nutrirse con su médula.

Ocasionalmente puede cazar pequeños vertebrados o parasitar a otras aves, como águilas reales, buitres leonados, alimoches, cuervos…, a los que obliga a entregarles el alimento transportado.

REPRODUCCIÓN

En ocasiones, en tríos poliándricos, una hembra y dos machos. Lo que podría indicar un cierto estado de saturación poblacional en la cordillera pirenaica.

Son las primeras de nuestras rapaces que empiezan el ciclo reproductivo. Los vuelos nupciales, que comienzan en el invierno, son espectaculares: planeos juntos en círculos, picados vertiginosos y tirabuzones con las garras entrelazadas, en las proximidades del nido. Se acompañan de chillidos.

Fieles al lugar de nidificación, alternando 2 o 3 nidos. Anidan en repisas abrigadas o cuevas de inaccesibles roquedos. El gran nido, de 2-3 m de diámetro y 1 m de alto, lo construyen con ramas y material vario como lana, piel, cuerdas, huesos...

Realizan una nidada anual, generalmente entre enero-febrero. Puesta de 1-2 huevos, normalmente 1, de color blanco con manchas pardo rojizas. Tamaño: 83 x 66 mm. En el caso de puesta de 2 huevos los depositan con un intervalo de hasta 9 días, por lo que generalmente solo sobrevive un pollo. La incubación dura de 55-60 días, realizándola principalmente la hembra. El macho aporta huesos y presas. Los pollos permanecen en el nido de 110-120 días.

VUELO
Su vuelo es muy ágil para el tamaño del ave, siendo un magnífico velero. A ello contribuye sin duda la enorme superficie alar en proporción a su peso.

En planeo mantiene las alas planas o las manos ligeramente caídas.

Ocasionalmente realiza aleteos lentos y profundos.

SILUETA EN VUELO CORONADO
Es el buitre más longilíneo y esbelto.

La envergadura es 2,4 veces su longitud total. Su silueta de vuelo es inconfundible, se asemeja más a la de un enorme halcón o milano real que a la de un buitre. Las alas largas, estrechas y apuntadas, y la cola larga y marcadamente cuneiforme, de color oscuro, contrastan con el color claro de la cabeza, pecho y vientre. Cabeza y cuello protuberantes. Muchas veces, al volar, la cabeza, alas y cola miran hacia abajo.

La silueta de vuelo de los jóvenes es muy diferente. Al ser oscuros y tener las alas no tan puntiagudas y la cola redondeada, se puede parecer a un buitre negro.

Las alas largas y estrechas, y la cola larga y marcadamente cuneiforme, le permiten un vuelo ágil en difíciles ambientes de alta montaña

Voz
Generalmente silencioso. En la parada nupcial emite largos silbidos agudos y penetrantes: *pii-yu.*

Especies parecidas por su aspecto físico
Es inconfundible, tanto por el color del plumaje como por su silueta de vuelo. El **alimoche** joven con el quebrantahuesos joven en vuelo coronado alto. Es mucho menor, alas más cortas y anchas.

Principales amenazas
◦ Presión demográfica con molestias en las zonas de cría.
◦ Competencia con el buitre leonado de sus áreas de cría.
◦ Disminución de la cabaña caballar.
◦ Abandono de los sistemas de ganadería tradicional, como la práctica de pastoreo o la ganadería extensiva.
◦ Cierre de vertederos y muladares.
◦ Expolio de nidos con robo de huevos y pollos.
◦ Acoso y persecución directa. Caza ilegal.
◦ Empleo de cebos envenenados.
◦ Empleo de productos tóxicos para eliminar los parásitos de la lana de las ovejas.
◦ Choque con tendidos eléctricos o aspas de aerogeneradores.

Juvenil

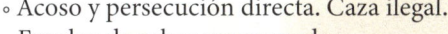

FALCÓNIDOS

FALCÓNIDOS

Halcón peregrino

Familia *Falconidae* (falcónidos)

Son aves rapaces diurnas, de pequeño o mediano tamaño. Su silueta es fusiforme, con alas estrechas y afiladas.

En algunas especies existe dimorfismo sexual, en cuanto al tamaño o al color del plumaje. Los machos, más pequeños y ágiles, son los encargados de la caza; las hembras, más corpulentas, de trocear las presas y defender el nido.

La cabeza, más bien grande, suele ser redondeada. Los ojos, con iris oscuros. Su vista, magnífica. A diferencia del resto de las rapaces, los orificios nasales son redondeados y grandes, presentando un desarrollado tubérculo (botón interior) que les facilita la respiración en su rapidísimo vuelo, que en el halcón peregrino alcanza los 360 km/h. El pico, corto, redondeado y grueso, presenta en el borde de la mandíbula superior un característico diente, propio de esta familia, que encaja con una escotadura de la mandíbula inferior y sirve para romper la columna vertebral de sus presas por su zona cervical.

Su cuerpo, fuerte y el plumaje compacto, revelan su potencia muscular de vuelo.

Las alas, largas, estrechas y puntiagudas. La segunda rémige es la que más sobresale.

Cola más bien larga, salvo excepciones.

Los especializados en la caza de aves, como el halcón peregrino, el esmerejón y el alcotán tienen unas garras con dedos extremadamente alargados, diseñadas para facilitar la captura de presas en el aire, presentando unas protuberancias palmares (a modo de almohadillas) muy desarrolladas. Los especializados en la captura de presas en tierra, como los cernícalos, tienen los dedos más robustos y cortos.

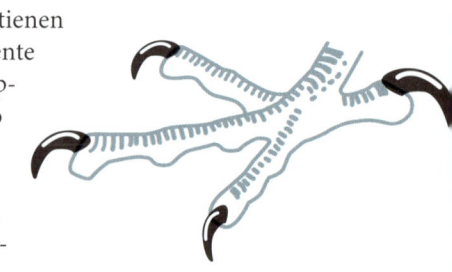

Su hábitat de caza suele ser las llanuras y espacios abiertos.

Distribuidos por todo el mundo. Pueden ser sedentarios, como el halcón peregrino o el cernícalo vulgar; o migratorios, siendo el cernícalo primilla y el alcotán estivales y el esmerejón, invernal.

Los grandes suelen cazar presas de buen tamaño y permanecer durante tiempo sin comer, los pequeños son más dinámicos. La dieta dentro de esta familia de los halcones es muy variada: aves, pequeños mamíferos y reptiles, anfibios, insectos terrestres y voladores... Tienen sitios determinados de desplume de piezas.

El lugar de nidificación es muy variado. Como norma general no construyen nido propio, siendo incapaces de aportar materiales. Son grandes defensores de su territorio de cría.

El vuelo, con aleteos fuertes y rápidos, pero no muy profundos. Con planeos ocasionales. Es decir, no son aves veleras que aprovechan las corrientes térmicas, sino que se valen de su esfuerzo muscular.

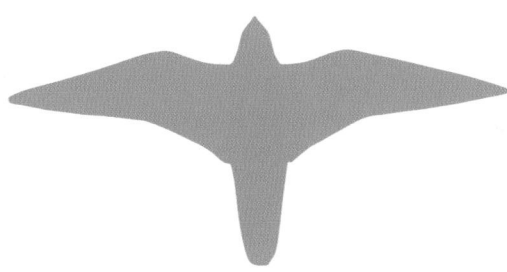

Halcón peregrino

En España es el halcón de mayor tamaño. Extraordinariamente bello, aerodinámico y armonioso en las formas, aunque muy robusto y compacto. Es la más veloz de las aves del mundo. Caracterizado por el dominio del cielo y sus picados vertiginosos. Es un auténtico especialista de la caza en vuelo, alimentándose exclusivamente de aves.

CLASE: Aves
ORDEN: Falconiformes
FAMILIA: *Falconidae*
ESPECIE: *Falco peregrinus.* Tunstall, 1771
NOMBRE COMÚN: Peregrine falcon (ing.), falcão-peregrino (port.), falcó peregrí (cat.), belatz handia (eusk.), falcón peregrino (gal.), falcón, garrapiña (ara.)
LONGITUD: 38-50 cm
ENVERGADURA: 85-115 cm
PESO: Macho: 550-700 g; hembra: 800-1100 g
SEXO: Plumaje igual para ambos sexos. Hembra mucho mayor que el macho, sobre todo en peso. DSI: 71 %. Tamaño: 15 %. Peso: 50-90 %
LONGEVIDAD: Hasta 15 años
VIDA SOCIAL: Grupos familiares. La pareja permanece unida de por vida, se mantienen gran fidelidad
UBICACIÓN: Muy cosmopolita. Es el ave que tiene mayor área de distribución (más del doble que la otra única rapaz cosmopolita: el águila pescadora), ocupando todos los continentes habitados y muchas islas
MOVIMIENTOS: Sedentario o migratorio parcial. En España, especie residente regular, con invernantes extrapirenaicos
POBLACIÓN Y TENDENCIA: Aunque muy extendido, su población es poco común, con tendencia al incremento, salvo en zonas agrícolas del interior, que registran descensos marcados
ESTADO DE AMENAZA: Casi amenazado (NT). UICN: 3.1 Preocupación menor (LC)

RASGOS DE CAMPO

Rapaz de porte medio. Existe gran DSI, siendo la hembra sobre un tercio mayor que el macho.

Tiene la cabeza redondeada y el cuello corto, "de toro", con laterales y nuca de color negruzco. La garganta y el babero (parte superior del pecho) son blancos, destacando una marcada bigotera negra en forma de pera. Ojos grandes con iris muy oscuros, rodeados de piel desnuda de color amarillo anaranjado. Su visión, magnífica. Pico corto, redondeado, con un diente muy marcado, propio del grupo de los halcones, de color amarillento en la base y, luego, negro azulado, que va cogiendo intensidad conforme se llega a la punta. También propia de la familia de los falcónidos es su foseta nasal amplia y redondeada, que le permite respirar en sus prodigiosos picados, con un tubérculo muy evidente (botoncito en el centro).

Cuerpo poderoso, con anchos hombros y potentísimos músculos pectorales. Dorso de color azul pizarroso y parte inferior (pecho, vientre y calzones) de color blanquecino o rosado claro, con barras horizontales oscuras.

Alas fuertes, largas, estrechas y terminadas en punta. Es decir, triangulares, con brazos anchos de base y cortos; y manos estrechas, largas y puntiagudas. En el ave posada los extremos de las alas terminan cerca de la punta de la cola.

Su plumaje es peculiar: largas y delgadas primarias de las alas para dotar de gran velocidad al vuelo, y largas y anchas secundarias que le aportan el poder

*Anatomía diseñada para sus
vertiginosos picados*

de elevación y la fuerza para el transporte de sus presas. Sus plumas son simétricas y duras para penetrar perfectamente en el aire.

Cola rectangular y corta en comparación con la de otros halcones, de color gris azulada con franjas oscuras transversales, la terminal, algo más ancha.

Los muslos, potentes y musculosos. Las patas son amarillas. Las garras, específicamente diseñadas para su cometido, la captura de aves, al vuelo: con dedos muy largos y nervudos, y desarrolladas protuberancias palmares, especie de almohadillas, que facilitan la captura de la presa en el aire. Uñas negras, muy afiladas.

Los juveniles tienen la caperuza menos marcada. La librea ventral y dorsal parda, con barras verticales inferiores a diferencia de las horizontales del adulto.

Hábitat

Es muy territorial en el área de cría, defendiéndola con agresividad ante cualquier intruso; siendo algo más flexible en las zonas de caza.

La zona de nidificación está ligada generalmente a la presencia de cortados, normalmente fluviales. Rapaz rupícola.

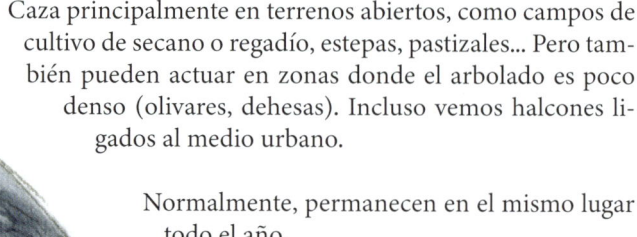

Caza principalmente en terrenos abiertos, como campos de cultivo de secano o regadío, estepas, pastizales... Pero también pueden actuar en zonas donde el arbolado es poco denso (olivares, dehesas). Incluso vemos halcones ligados al medio urbano.

Normalmente, permanecen en el mismo lugar todo el año.

El rango de cotas donde lo encontramos comprende desde el nivel del mar hasta los 2000 m de altitud.

Rapaz cosmopolita

Distribución geográfica

Residente habitual en la península ibérica, Baleares y Canarias. Existiendo más densidad en la zona cantábrica, Pirineo, cuenca alta del Ebro, Sistema Ibérico, sierras béticas y penibéticas y zona mediterránea.

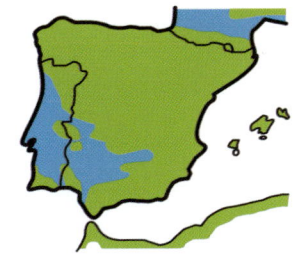

En invierno, la población se ve aumentada por ejemplares venidos del centro y norte de Europa.

Caza

Puede cazar al acecho desde una percha o en espera activa, es decir, inspeccionando el territorio mientras vuela en círculos.

El halcón permanece grandes periodos de tiempo apostado en su posadero, cuidando de uno de sus instrumentos de caza: las plumas, descansando u oteando inmóvil a su alrededor.

En espera activa sube hasta una altura de 400-800 m. Desde allí, sobrevuela con planeos su territorio de caza, intentando localizar una presa. Tan pronto ha sido avistada pone en práctica su depurada técnica de caza. Los picados pueden ser verticales u oblicuos, entrándole a la presa por cualquier sitio, con velocidades escalofriantes de 160-360 km/h. El contacto suele ser de dos tipos: un ligero pero preciso golpe con las uñas posteriores (auténticos cuchillos), produciéndole heridas capaces de derribar al ave, en este caso, si es posible, la recoge en el aire y, si no, la captura en el suelo y la remata a picotazos sobre la zona cervical de la columna vertebral; o, aprovechando el ángulo visual muerto de la presa, la atrapa al vuelo, proyectando una o las dos patas hacia adelante, y la lleva hasta tierra para darle muerte con su pico. La exactitud del contacto tiene que ser extrema, pues, de no ser así, el halcón podría resultar herido. Es, pues, el poderoso pico con su diente único el encargado de dar muerte a sus presas, fracturando su columna cervical.

Nunca caza después de estar saciado. Si puede elegir la pieza, seleccionará aquella que tenga alguna debilidad o quebranto.

En ocasiones, cazan en ataque combinado de pareja, siendo muy efectiva esta técnica.

En cetrería se utiliza para la caza o para la limpieza de aves en los aeropuertos, centros urbanos... Es el rey del alto vuelo. Debido a la diferencia de tamaño, según el sexo se pueden especializar en presas distintas.

ALIMENTACIÓN

Estrictamente ornitófago. Su dieta varía dependiendo de la avifauna que exista cerca de su hábitat. Pueden ser aves grandes, como garzas reales o gansos, aunque sus presas más frecuentes son las de mediano tamaño, como palomas, zorzales, mirlos, estorninos, gangas, alondras, perdices, gaviotas...

Prefiere las presas de vuelo rápido (con buena masa muscular), pero no excesivamente ágiles, como palomas, gangas, cercetas... El alimento por excelencia es la paloma, bien sea doméstica o salvaje.

Algunos ejemplares piratean a otras aves, como milanos y cornejas, quitándoles en vuelo la comida.

REPRODUCCIÓN

La pareja permanece junta a lo largo de todo el año. La parada nupcial es espectacular, realizándose en febrero-marzo. Se pueden observar exhibiciones aéreas de la pareja con ascensiones en círculos y vertiginosos picados, así como intercambio de piezas en vuelo. El cortejo se suele acompañar de ruidosos chillidos. Es frecuente que el macho cace para la hembra y le dé de comer, es la ceba nupcial, curioso ceremonial que realiza moviendo la cabeza de arriba-abajo y a los lados.

Anidan en cortados y, en muy contadas ocasiones, utiliza nidos de otras aves en árboles (córvidos, garzas o águilas) o en edificios. Son muy fieles, repitiendo el lugar de nidificación, aunque existan cerca otras repisas más protegidas o cómodas.

No realizan nido alguno, como mucho hacen un pequeño hueco, para colocar la puesta, de unos 20 cm de diámetro y 5 cm de profundidad. Son incapaces de realizar construcciones con materiales. Realizan una nidada anual, generalmente entre marzo-junio. Puesta de 2-5 huevos, normalmente 3-4, de color crema, densamente manchados en rojizo. Tamaño: 48 x 38 mm. La incubación dura 28-33 días y corre a cargo de ambos sexos, si bien es la hembra la que dedica más tiempo. Existe gran diferencia de tamaño entre el primer y último pollo. Los roles están claramente definidos en la época de cría. Los machos cazan y las hembras vigilan el territorio, defienden el nido, cuidan la nidada, y pelan y trocean las presas. Los pollos permanecen en el nido entre 35-42 días.

Vuelo

Destaca su maestría de vuelo.

Vuelo rápido y ágil, con aleteos regulares y no excesivamente profundos, intercalando planeos cortos. En ellos lleva las alas rectas y planas.

En los picados lleva las alas cerradas, casi pegadas al cuerpo, siendo el animal más rápido del mundo. Es un auténtico proyectil viviente, pudiendo superar los 350 km/h. Su anatomía está al servicio de la velocidad.

Silueta en vuelo coronado

La envergadura es 2,2 veces su longitud total.

Silueta fusiforme inconfundible, con alas largas, estrechas y puntiagudas (triangulares), y cola más bien corta y cuadrada.

Su parte inferior, de tonalidad clara jaspeada.

Voz

Suele ser silencioso fuera de la época de cría.

Estridente y aguda voz de alarma durante la época de reproducción en forma de un cacareo o chillido, *giak-giak-giak*, así como diversos gritos, *wiaaaa-wiaaaa* o *ki-ki-ki-ki*, tanto posado como en vuelo.

Especies parecidas por su aspecto físico

El **alcotán europeo** es más pequeño y ligero. También más oscuro. Lo encontramos en España solo en la época estival.

El **cernícalo vulgar** y el **cernícalo patirrojo** son más pequeños y más esbeltos.

Su plumaje presenta dibujos y tonos diferentes. El patirrojo lo vemos solo en paso migratorio.

Principales amenazas
- Empleo masivo de pesticidas, plaguicidas y herbicidas.
- Presión demográfica con molestias en zonas de cría.
- Competencia con otras rapaces en recursos alimenticios.
- Predación por el búho real.
- Expolio de nidos con robo de huevos o pollos. Cetrería ilegal.
- Acoso y persecución directa. Caza ilegal.
- Empleo de cebos envenenados.
- Choque con tendidos eléctricos o aspas de aerogeneradores.

Cernícalo vulgar

Halcón pequeño y grácil, del tamaño de una paloma. El más conocido y abundante de los halcones europeos. Fácil de ver revoloteando junto a carreteras o posado sobre tendidos eléctricos. Caza cerniéndose, de donde le viene el nombre; con un movimiento rápido de alas y con la cola abierta en abanico, permanece inmóvil en el aire.

CLASE: Aves
ORDEN: Falconiformes
FAMILIA: *Falconidae*
ESPECIE: *Falco tinnunculus*. Linnaeus, 1758
NOMBRE COMÚN: Common kestrel (ing.), peneireiro-de-dorso-malhado (port.), xoriguer comú (cat.), belatz gorria (eusk.), lagarteiro (gal.), ziquilín, esparbero (ara.)
LONGITUD: 32-38 cm
ENVERGADURA: 65-80 cm
PESO: 180-300 g
SEXO: Acusado dimorfismo sexual. Plumaje diferente según el sexo. Hembra algo mayor que el macho, sobre todo en peso. DSI: 87 %. Tamaño: 4 %. Peso: 20 %
LONGEVIDAD: Hasta 15 años
VIDA SOCIAL: Solitario/grupos familiares
UBICACIÓN: En toda Europa
MOVIMIENTOS: Sedentario, aunque puede ser migratoria parcial. En España, especie residente regular, con invernantes extrapirenaicos
POBLACIÓN Y TENDENCIA: Abundante. Junto al gavilán común y al busardo ratonero son de las rapaces más frecuentes. Con tendencia al incremento moderado, aunque su número ha ido en declive en las zonas agrícolas
ESTADO DE AMENAZA: En peligro de extinción (EN). UICN 3.1: Preocupación menor (LC)

Rasgos de campo

Rapaz de aspecto esbelto y de pequeño tamaño.

A diferencia del halcón peregrino, existe poca diferencia de tamaño entre ambos sexos, sin embargo si la hay en cuanto al color de su plumaje.

Los ojos, de color castaño; el anillo ocular, de color amarillo anaranjado. La cera, amarilla y el pico con diente es azulado. Presenta una marcada bigotera estrecha en el macho y muy poco marcada en la hembra.

El *macho* tiene la cabeza y nuca gris azulada. Mejillas blanquezinas. El dorso, pardo-rojizo, moteado de negro. La cola, también gris azulada con una ancha banda subterminal oscura y las puntas de las rectrices blancas. Las primarias y secundarias de las alas son marrones oscuro.

La *hembra* tiene toda la parte superior de color pardo con barras transversales oscuras, pero sin el gris azulado de la cabeza y la cola. De color castaño, la cola presenta una ancha banda subterminal. Las primarias y secundarias de las alas son marrones oscuro.

La parte inferior, en ambos sexos, es de color crema con listas oscuras verticales.

Sus alas, largas, estrechas y terminadas en punta. En el ave posada los extremos de las alas terminan bastante antes de la punta de la cola.

Cola larga y redondeada, con una fina franja terminal de color blanco, precedida de otra mucho más ancha de color negro.

Patas amarillas, con garras cortas y robustas para capturar presas terrestres. Uñas negras.

Los jóvenes se parecen a las hembras pero en su parte ventral está más marcado el estriado.

Hábitat

Rapaz que gracias a su peculiar tipo de vuelo de "helicóptero" le permite una gran variedad de hábitats, incluso se encuentran cómodos en zonas que son poco ocupadas por otras especies como las cunetas de las carreteras. Generalmente, se hallan en zonas abiertas, llanuras de secano o regadío e, incluso, en

*Pequeña rapaz de acusado
dimorfismo sexual*

monte bajo. Es frecuente verlos en los márgenes de carreteras y caminos donde la franja herbosa les proporciona numerosas presas, así como posados sobre postes o tendidos eléctrico y árboles.

El rango de cotas donde lo encontramos abarca desde el nivel del mar a los pastizales alpinos.

Distribución geográfica

Residente habitual en toda la península ibérica y Baleares, siendo abundante en Canarias.

A partir de septiembre, vienen para invernar abundantes cernícalos del norte de Europa.

El estrecho de Gibraltar es paso migratorio hacia el África subsahariana entre septiembre-octubre, realizándose por individuos solitarios o dúos.

Caza

Su inconfundible técnica de vuelo de cernirse pico a viento le permite permanecer inmóvil en el aire e inspeccionar el terreno en busca de sus presas. Cuando la localiza, se cala oblicuamente sobre ella y la atrapa con sus afiladas garras, matándola a picotazos.

También caza al acecho, dejándose caer sobre sus presas terrestres o con persecuciones cortas a aves en vuelo.

Puede piratear a otras rapaces.

Alimentación

Principalmente se alimenta de pequeños roedores como ratones, topillos de campo, ratas de agua, musarañas... Pero también se ceba con insectos (generalmente coleópteros, como el escarabajo, ortópteros y lepidópteros), anfibios, reptiles y algún pajarillo; sobre todo especies que anidan en el suelo o permanecen posadas sobre él largo tiempo.

Por su alimentación se puede considerar un ave muy valiosa al eliminar insectos dañinos y roedores como topillos, ratones, ratas...

Reproducción

Las parejas solo suelen permanecer unidas durante el periodo de cría, luego mantienen una conducta solitaria.

Sus paradas nupciales no son tan espectaculares como las de otros halcones. El macho suele volar en círculos para dejarse caer en picado sobre la hembra posada y remontar para repetir la exhibición. También realiza el macho un vuelo de balanceo, torciendo de un lado al otro con un rápido aleteo e intercalando planeos.

Su hábitat de nidificación es de lo más amplio y variado. Anidan en cortados, canteras abandonadas, huecos de árboles, edificios derruidos o abandonados. Son enormemente fieles, no al nido en sí, sino a la zona de cría. Pueden utilizar tanto nidos antiguos, como realizar un pequeño hoyo de unos 15-20 cm de diámetro tapizado con unas pocas hojas.

Realizan una nidada anual, generalmente entre abril-junio. Puesta de 3-7 huevos, normalmente 5, de color crema, intensamente moteados de marrón rojizo. Tamaño: 40 x 32 mm. La incubación dura 27-31 días, realizándola principalmente la hembra, aunque el macho colabora habitualmente. Lo más frecuente es que los huevos eclosionen al mismo tiempo. Muy valientes defendiendo el territorio de cría. Los pollos permanecen en el nido entre 30-35 días.

Vuelo

El vuelo característico es el cernido con la cabeza al viento. Los aleteos son rápidos y no muy profundos, con breves planeos ocasionales. La cola, completamente abierta en abanico. Este vuelo le permite permanecer casi inmóvil en el aire. La cabeza puede estar claramente inclinada hacia abajo, inspeccionando el terreno. Las alas en el planeo permanecen rectas y planas.

Silueta en vuelo coronado

La envergadura es 2,2 veces su longitud total.

Forma fusimorme típica de halcones. Con alas largas, estrechas y puntiagudas.

Cola larga y abierta en abanico. Su parte inferior de color crema, finamente barrada. Cola con marcada franja negra subterminal y otra blanca muy fina terminal.

Voz

Normalmente, bastante silencioso, pero ruidoso en la época de cría o cuando está alarmado.

Chillidos agudos y repetitivos de *kik-kik-kik*.

Especies parecidas por su aspecto físico

El **cernícalo primilla** es muy parecido, aunque observado detenidamente existen diferencias morfológicas y, sobre todo, de comportamiento.

Es más pequeño, esbelto y de colores más vistosos. Muy características son sus uñas blancas.

El macho tiene el dorso pardo rojizo, pero sin manchas, la cola más acuñada. Las hembras y jóvenes son muy parecidas en el plumaje.

Es capaz de permanecer inmóvil en el aire, pico a viento, a 10-20 m del suelo

Su conducta es primordial en la diferenciación. Es gregario, vive en colonias numerosas. Su lugar de nidificación está más ligado a las construcciones humanas. Es más manso. Y su voz es totalmente diferente. Lo encontramos en España solo en la época estival.

Gavilán común. Normalmente, su silueta de vuelo es muy diferente, con alas cortas y anchas. Sin embargo, cuando remonta con las alas planas y la cola en abanico o cuando vuela entre árboles con las alas recogidas, puede confundirse.

Principales amenazas

∘ Intensa transformación o alteración del hábitat, principalmente de los cultivos.

∘ Empleo masivo de pesticidas, plaguicidas y herbicidas.

∘ Presión demográfica con molestias en las zonas de cría.

∘ Expolio de nidos con robo de huevos o pollos. Cetrería ilegal.

∘ Acoso y persecución directa. Caza ilegal.

∘ Predación natural por otras aves rapaces.

∘ Empleo de cebos envenenados.

∘ Vulnerable a los atropellos en carretera.

∘ Choque con tendidos eléctricos o aspas de aerogeneradores.

Cernícalo primilla

Junto con el esmerejón, es el más pequeño de las rapaces diurnas ibéricas (halcón miniatura). Aunque parecido al cernícalo vulgar, se diferencia por su menor tamaño, por ser más robusto, aunque más grácil, y de colores más vivos. La hembra es difícil de distinguir con aquel, pero el macho presenta un dorso sin manchas. Es más sociable (gregario) y de carácter migratorio. Se alimenta principalmente de insectos que suele cazar en el aire.

CLASE: Aves
ORDEN: Falconiformes
FAMILIA: *Falconidae*
ESPECIE: *Falco naumanni*. Fleischer, 1818
NOMBRE COMÚN: Lesser kestrel (ing.), francelho (port.), xoriguer petit (cat.), etxe belatza (eusk.), lagarteiro das torres (gal.), cinquilín de canalera, esparvel (ara.)
LONGITUD: 27-33 cm
ENVERGADURA: 61-71 cm
PESO: 100-200 g
SEXO: Plumaje diferente según el sexo. Hembra similar en tamaño al macho, pero mayor en peso. DSI: 97 %. Tamaño: 3 %. Peso: 20 %
LONGEVIDAD: Entre 5-7 años
VIDA SOCIAL: Gregario. Vive en bandadas
UBICACIÓN: En zona sur de Europa (España, Portugal, sur de Francia, sur de Italia y Balcanes)
MOVIMIENTOS: Migratorio. En España es especie estival regular
POBLACIÓN Y TENDENCIA: Común. Por la intensa transformación del campo, hubo un fuerte declive, luego, una estabilización y, ahora, hay una tendencia al incremento
ESTADO DE AMENAZA: Vulnerable (VU). UICN: 3.1 Preocupación menor (LC)

Rasgos de campo

Tiene mucha similitud con el cernícalo vulgar, aunque es algo más pequeño de tamaño, más robusto y grácil. Es una de nuestras rapaces con menos DSI.

Ojos marrones oscuros, rodeados de piel desnuda de color amarillo anaranjado. Bigotera casi inexistente. Cera amarilla.

El color de su plumaje también varía con el sexo.

El *macho*, con la cabeza y la cola gris, más azulada, y el dorso pardo-rojizo ladrillo, pero sin manchas, las coberteras forman una banda gris.

La *hembra*, similar al cernícalo común, con colores más apagados y homogéneos. El dorso es de color pardo y tiene las marcas dorsales menos aparentes.

En ambos sexos, la parte inferior es más clara, de color crema rosado y con estriado vertical oscuro.

Sus alas, largas, estrechas y también terminadas en punta.

En el ave posada los extremos de las alas terminan cerca de la punta de la cola.

Hembra

196

La cola es más corta y más fina en la base, dándole un aspecto ligeramente acuñado. Esto se debe a que las dos rectrices centrales son algo más largas. También tiene una ancha banda terminal oscura.

Patas amarillas con dedos cortos y robustos. Sus uñas blancas lo diferencia del cernícalo vulgar y de otras rapaces.

Los jóvenes parecidos a los de cernícalo vulgar y por tanto similares a las hembras de ambas especies.

Hábitat
Generalmente, se encuentra en zonas abiertas, llanas, secas y cálidas, normalmente en campos de secano. Es decir, es de carácter estepario, ligado a los sistemas agropecuarios de cereal. Evita zonas húmedas, de matorral, bosques y de montaña.

La zona de cría está ligada a edificaciones humanas de campo, aldeas, pueblos, incluso ciudades. Hasta mitad del siglo pasado habitaba masicos, torres, caserones o cualquier tipo de edificio ligado a la agricultura o ganadería. El rango de cotas donde lo encontramos comprende desde el nivel del mar hasta los 600 m de altitud.

Distribución geográfica
Se halla en Andalucía central y occidental, Extremadura y partes de Castilla-La Mancha y de Aragón.

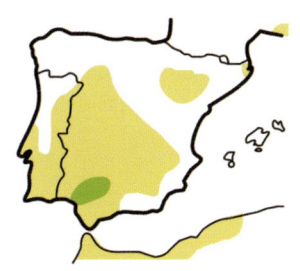

Es migratorio estival en la península ibérica. Invernan en África tropical, llegando a España sobre marzo; aquí permanecen en el estío para regresar en octubre a sus cuarteles de invierno. En Andalucía occidental inverna y se encuentra todo el año. Al ser una rapaz de pequeñísimo porte, es fácil que pase desapercibido en su vuelo de migración, realizado generalmente a gran altura.

Puede congregarse en dormideros de miles de individuos.

Caza

Su técnica de vuelo de permanecer inmóvil en el aire a baja altura (como el cernícalo vulgar) le permite localizar a sus presas, para luego dejarse caer violentamente y capturarlas. Caza insectos en el aire o en el suelo. Ocasionalmente, pequeños roedores y reptiles.

Suelen cazar en pequeños bandos, a baja altura, a unos 8-15 m., cerniéndose solo unos instantes para lanzarse en busca de su presa.

No es raro que piratee en su colonia de cría.

Algunos córvidos, como las grajillas pueden piratearles.

Alimentación

En un 80-90 % se alimenta de insectos tanto terrestres como voladores, generalmente ortópteros, como grillos, saltamontes, langostas, y coleópteros...

Alguna vez puede comer pequeños mamíferos (roedores), reptiles (lagartijas) y anfibios.

Reproducción

En el cortejo nupcial, las hembras esperan en un posadero. El macho ceba a la hembra de una forma peculiar: lleva el alimento del pico a las patas y, de nuevo, al pico, para a continuación dárselo a la hembra. Esta repite la misma operación. A continuación, realizan un vuelo conjunto ala con ala. También realizan exhibiciones aéreas como las del cernícalo vulgar con vuelo de balanceo.

Es un gracil halcón miniatura

Suelen anidar en colonias, a veces de centenares de parejas, aunque también lo pueden hacer en solitario.

Generalmente, nidifican en edificios abandonados. Por tanto, tienen carácter urbano. Ocasionalmente, lo puede hacer en acantilados y árboles. Puede considerarse la rapaz europea menos tímida. Es filopátrico, es decir, cría en el mismo sitio o en un lugar muy cercano al que lo hicieron sus padres, aunque se mueven por medio mundo. No construye nidos, al igual que otros halcones, y normalmente aprovecha huecos y grietas de muros, debajo de las tejas o aleros.

Realizan una nidada anual, generalmente entre abril-julio. Puesta de 3-6 huevos, normalmente 4-5, de color crema con abundantes manchas rojizas. Tamaño: 36 x 28 mm. La incubación dura 28-30 días y la realizan ambos padres, pero especialmente la hembra. Son tremendamente discretos y mansos, salvo en caso de peligro por presencia de intrusos, durante la época de cría. Los pollos, cubiertos de un primer plumón blanco, permanecen en el nido entre 30-40 días.

Vuelo

Los aleteos, como los del cernícalo vulgar, son rápidos, pero a diferencia de este son más suaves, ligeros y superficiales. Suele planear con frecuencia, aunque se cierne menos que aquel. Cuando lo hace, mantiene la cola abierta en forma de abanico para permanecer casi inmóvil en el aire.

Silueta en vuelo coronado

La envergadura es 2,4 veces su longitud total.

Silueta fusiforme muy similar al cernícalo vulgar, pero con el cuerpo más robusto y la cola más corta y acuñada.

Su parte inferior, de color más claro.

Cuerpo y alas de color claro moteado, cola en abanico con marcada banda oscura terminal.

*Se alimenta principalmente de
insectos y ocasionalmente come
pequeños vertebrados. Los aleteos
son rápidos pero suaves y superficiales*

Voz

Quizá sea el rasgo que más lo diferencie del cernícalo vulgar, siendo mucho más chillón, principalmente, con las luces crepusculares del amanecer y el anochecer junto a la colonia.

Gritos estridentes en serie *chik-ek-chek* y lastimeros *huii-hui*.

Especies parecidas por su aspecto físico

El **cernícalo vulgar** es muy similar, aunque observado detenidamente existen diferencias morfológicas y, sobre todo, de conducta.

Es algo mayor y de colores más apagados. Presenta bigotera. Sus uñas, como la de todos los halcones, son de color negro.

El macho tiene el dorso pardo rojizo, pero moteado de negro. Su cola más redondeada.

Su comportamiento es esencial en la diferenciación. Es de carácter solitario y más agresivo. También más dependiente de presas terrestres. Su voz es muy distinta. En España es residente habitual.

Principales amenazas

- Intensa transformación o alteración del hábitat, principalmente de los cultivos.
- Deterioro de edificaciones de campo con pérdida de lugares de nidificación.
- Empleo masivo de pesticidas, plaguicidas y herbicidas.
- Competencia con otras aves que los desalojan de sus áreas de cría por número y fuerza, como grajillas y palomas.
- Expolio de nidos con robo de huevos y pollos.
- Acoso y persecución directa. Caza ilegal.
- Predación natural de especies como zorros, gatos, garduñas, sobre pollos y huevos.
- Choque con tendidos eléctricos o aspas de aerogeneradores.

Esmerejón

Halcón enano, elegante, pechugón y compacto, de color oscuro. Es un veloz cazador en espectaculares persecuciones de avifauna en terreno abierto y desde baja altura. Minúscula rapaz, del tamaño de un mirlo, que no se reproduce en España y solo la vemos como invernante. Su nombre científico viene de que, a pesar de su reducidísimo porte, es capaz de cazar palomas.

CLASE: Aves
ORDEN: Falconiformes
FAMILIA: *Falconidae*
ESPECIE: *Falco columbarius.* Linnaeus, 1758
NOMBRE COMÚN: Merlin (ing.), esmerilhão (port.), esmerla (cat.), belatz txikia (eusk.), esmerillón (gal.), ziquilineta (ara.)
LONGITUD: 25-35 cm
ENVERGADURA: 56-70 cm
PESO: 150-260 g
SEXO: Acusado dimorfismo sexual. Plumaje diferente según el sexo. Hembra ostensiblemente mayor que el macho, sobre todo en peso. DSI: 80 %. Tamaño: 12 %. Peso: 30 %
LONGEVIDAD: Hasta 10 años
VIDA SOCIAL: Solitario/grupos familiares
UBICACIÓN: Poblador de la zona norte de Europa. En invierno baja, ocupando casi toda el continente
MOVIMIENTOS: Migratorio. En España especie invernante regular
POBLACIÓN Y TENDENCIA: Poco común
ESTADO DE AMENAZA: Preocupación menor (LC). UICN 3.1: Preocupación menor (LC)

Rasgos de campo

Es una copia en miniatura del gran halcón gerifalte, tanto en su silueta y morfología como en su comportamiento en la caza.

Su pequeña cabeza es rectangular-redondeada y sin bigotera. Presenta finas listas superciliares (cejas) de color crema. Ojos oscuros. Cera amarilla y pico oscuro.

El cuerpo es pequeño, pero robusto.

El *macho* tiene su dorso de color azul pizarroso, con los lados de la cabeza y la garganta claros, su parte inferior, rojizo pálida (sonrosado) con listas oscuras longitudinales. Su cola, con barrado suave, presenta en su extremo una fina franja blanca y otra banda negra mucho más ancha subterminal.

La *hembra*, con librea menos contrastada, es color castaño-barro por encima y sus partes inferiores están fuertemente listadas de oscuro. La cola barrada de color pardo y crema.

Sus alas, de base ancha y terminadas en punta, son relativamente cortas. Con ellas realiza un vuelo potente y rápido. En el ave posada los extremos de las alas terminan antes de la punta de la cola.

Cola cuadrada, más bien larga.

Las patas son amarillas. Sus dedos pequeños y finos pero nervudos.

Los juveniles con librea muy similar a las hembras.

Hábitat

Se instala en terrenos abiertos de pasto o labor, praderas, somontanos, páramos, marismas o humedales, incluso en matorrales. Evita bosques y montañas.

El rango de cotas donde lo encontramos comprende desde el nivel del mar hasta los 2500 m de altitud.

Se le suele ver con frecuencia en postes, estacas de cercados, ramas y rocas bajas que utiliza como perchas, así como directamente sobre el suelo.

Distribución geográfica

En septiembre, llega del norte de Europa para invernar en la Península y norte de África. Se distribuyen por toda España y pasan el otoño y el invierno en solitario o, como mucho, en parejas. Más frecuente en la cuenca del Ebro y norte de Castilla-León. Su llegada coincide con la presencia de grandes cantidades de bisbitas y alondras, unas de sus presas favoritas. En abril, realizan el vuelo de regreso a sus áreas de cría de islas británicas, Escandinavia y Finlandia.

Caza

Cazador de terreno abierto al vuelo. Le gusta actuar a baja altura, casi a ras de suelo, en agotadoras persecuciones directas sobre pájaros de tamaño más pequeños que una codorniz. Acelerando el vuelo se pega a la cola de su presa y la persigue en cada giro y quiebro con agilidad, resistencia y fiereza hasta capturarla.

Alimentación

Es casi exclusivamente ornitófago (alondras, pinzones, bisbitas o pájaros de ribera). En contadas ocasiones, pude atrapar insectos al vuelo, pequeños roedores, reptiles (lagartos) y anfibios.

Reproducción

En la parada nupcial se realizan vuelos rapidísimos y sincronizados de persecución.

El lugar de nidificación es muy flexible. Igual pueden depositar los huevos en una rascadura en el suelo, entre helechos y brezos, o aprovechando un viejo nido de córvidos o de otra rapaz sobre árboles o en una cornisa de roca. Al igual que otros halcones, no construye nidos. Aprovecha otros abandonados bien en roca, bien en árboles o en el suelo, entre brezos.

Realizan una nidada anual, generalmente entre abril-junio. Puesta de 3-6 huevos, normalmente 4, de color crema, muy manchados de pardo rojizo. Tamaño: 40 x 32 mm. La incubación dura 28-31 días, realizándola principalmente la hembra. Ambos adultos se ocupan de su alimentación. Los pollos permanecen en el nido entre 27-30 días.

VUELO

El aleteo es vibrante (superficial y rápido) y el ataque, fulgurante. En un vuelo veloz y ágil, a baja altura, sigue directamente la evolución de su víctima. Realiza ocasionales planeos cortos con las alas rectas y planas.

SILUETA EN VUELO CORONADO

La envergadura es 2,3 veces su longitud total.

Silueta fusiforme muy similar al cernícalo vulgar, pero más compacto, pequeño y oscuro.

Parte inferior crema con listas oscuras. Cola con banda subterminal oscura.

VOZ

Es bastante silencioso. Aunque en época reproductora, el macho emite gritos agudos, repetidos aceleradamente en forma de *qui-qui-qui*, y la hembra, con una cadencia más lenta, un lastimero *ip-ip*.

ESPECIES PARECIDAS POR SU ASPECTO FÍSICO

El **cernícalo vulgar** es mayor, más claro. Tiene marcada bigotera. Es residente regular.

El **alcotán europeo** es mayor y presenta dibujos faciales muy diferentes, con una mancha blanca en mejillas y garganta, y una marcada bigotera oscura. Su silueta tiene otras proporciones, alas largas y cola corta. Es más sociable, cazando en bandos. En España es estival, por tanto, coinciden poco.

El **halcón peregrino** es mucho mayor. Pero a gran distancia, por su silueta fusiforme y su aspecto oscuro, podría inducirnos a error, del que salimos rápidamente al observarlo desde más cerca.

PRINCIPALES AMENAZAS

- Empleo masivo de pesticidas, plaguicidas y herbicidas.
- Expolio de nidos con robo de huevos y pollos. Cetrería ilegal.
- Acoso y persecución directa. Caza ilegal.

*Halcón miniatura, pero
con un vuelo muy feroz*

Alcotán europeo

Halconcillo esbelto en el porte, cuyas grandes alas sobrepasan la cola cuando está posado. Aquellas son estrechas, puntiagudas y en forma de hoz, recordando a un gran vencejo. Enormemente ágil y elegante en el vuelo, cazando insectos y pajarillos en las llanuras.

CLASE: Aves
ORDEN: Falconiformes
FAMILIA: *Falconidae*
ESPECIE: *Falco subbuteo*. Linnaeus, 1758
NOMBRE COMÚN: Eurasian hobby (ing.), ógea (port.), falcó mostatxut (cat.), zuhaitz-belatza (eusk.), falcón pequeño (gal.), ziquilín negro, ziquilín d´estíu (ara.)
LONGITUD: 28-35 cm
ENVERGADURA: 70-85 cm
PESO: Macho: 140-200 g; hembra: 200-340 g
SEXO: Plumaje igual para ambos sexos. Hembra algo mayor que el macho. Similar en tamaño, pero mucho mayor en peso. DSI: 86 %. Tamaño: 4 %. Peso: 28 %
LONGEVIDAD: Hasta 10 años
VIDA SOCIAL: Anida en solitario/caza en bandadas
UBICACIÓN: En toda Europa, salvo en la zona norte
MOVIMIENTOS: Migratorio. En España especie estival regular. Estival y en paso
POBLACIÓN Y TENDENCIA: Poco común con tendencia al declive moderado
ESTADO DE AMENAZA: En peligro de extinción (EN). UICN 3.1: Preocupación menor (LC)

Rasgos de campo
Rapaz de pequeño tamaño.

La parte superior de la cabeza y su llamativa bigotera son muy oscuras, resaltando sobre su garganta y mejillas blancas. Ojos marrón oscuro con anillo orbital amarillo anaranjado. La cera es amarilla y el pico azulado negruzco.

La parte superior del cuerpo es lisa, de color gris oscuro, y la inferior es clara, profusamente listado de negro longitudinalmente. Su abdomen y las plumas de sus muslos son rojizo bermejo.

Distintivas son sus largas, estrechas y puntiagudas alas. En vuelo tienen forma de guadaña, dándole la apariencia de un vencejo. En el ave posada, los extremos de las alas rebasan la punta de la cola.

La cola, estrecha, corta y algo acuñada. Las plumas rectrices centrales son más largas y tienen bandas rojizas.

Las patas son amarillas. Dedos largos y finos, diseñados para capturar aves en vuelo.

La librea de los juveniles es pardo-grisácea uniforme, sin el rojizo de los muslos.

Hábitat
Ocupa pequeñas manchas forestales donde cría, junto a zonas abiertas donde caza. Mosaico.

Se emplaza en los sotos y bordes de los bosques donde existen árboles para anidar.

Utiliza zonas llanas y abiertas para cazar, como pastizales y campos de labor. Gusta de zonas húmedas como marismas, lagunas y pantanos.

Es muy territorial.

El rango de cotas donde lo encontramos comprende desde el nivel del mar hasta los 1800 m de altitud.

Distribución geográfica

Se localiza principalmente en la mitad norte de la península. Es migratorio estival en la península ibérica, siendo gregario en sus desplazamientos. Invernan en el sur de África, llegando a España por el estrecho de Gibraltar a finales del mes de abril. Crían en nuestras tierras y regresan en octubre al África tropical.

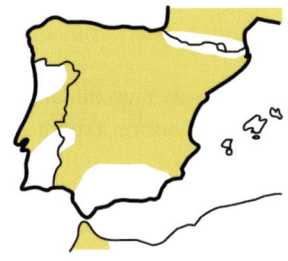

Últimamente, se han encontrado ejemplares sedentarios en zonas costeras del Cantábrico y el Mediterráneo.

Caza

Caza en bandadas, utilizando el vuelo de planeo, el descenso, el picado, así como giros, quiebros y piruetas, realizando súbitos y sorprendentes cambios de velocidad, altitud y dirección para atrapar a sus presas. Los pajarillos son sus favoritos en época de cría; fuera de ella son más insectívoras. Es tan hábil en el vuelo que puede perseguir y capturar insectos tan voladores como las libélulas.

Cazador de las llanuras y de los campos abiertos. También sobre extensiones de cultivo arboladas, brezales o marismas donde suelen proliferar los insectos voladores. Caza en el aire, atrapando a sus presas con sus garras. Come los insectos, normalmente, en vuelo, llevándolos con una pata al pico, y las aves ocasionalmente, o llevándolas a su percha.

Su mayor actividad es en el atardecer.

Alimentación

Principalmente, su dieta consiste en insectos y pájaros. Insectos voladores grandes como libélulas, saltamontes y escarabajos. Su vuelo resulta tan rápido que puede capturar veloces pajarillos y rara vez aves mayores. En la época de pasos migratorios forman bandos para cazar verderoles, jilgueros, pinzones, bisbitas, alondras... Cuando vuela a gran altura, captura aviones, vencejos, golondrinas...

Como suele cazar en el crepúsculo, en ocasiones atrapa murciélagos.

Ocasionalmente, complementa su dieta con reptiles y pequeños mamíferos.

Reproducción

Es la rapaz de la península ibérica con ciclo reproductivo más tardío.

En la parada nupcial, se elevan en amplios círculos; el macho se lanza sobre la hembra, dando espectaculares pasadas. También se intercambian presas en el aire.

Presenta una alta fidelidad a los territorios de cría. Anidan siempre en árboles, generalmente en linderos de bosque o en árboles dispersos, de donde le viene su nombre en alemán "halcón de los árboles". Sin nido propio, como otros halcones. Ocupan nidos vacíos sobre árboles, generalmente de córvidos (corneja negra, cuervo, urraca...) y también de rapaces.

Realizan una nidada anual, generalmente entre junio-julio. Puesta de 2-4 huevos, normalmente 3, de color crema mate con abundante moteado pardo rojizo, que les hacen parecer muy oscuros. La incubación dura 28-30 días, realizándola principalmente la hembra. Defienden el área de cría de forma decidida, enérgica y valiente. El macho se dedica a la caza. Los pollos permanecen en el nido entre 30-35 días.

Vuelo

Es el más volador de los halcones.

Los aleteos son fluidos, en un vuelo rápido y suelto. Los alterna con cortos y rápidos planeos que finalizan en súbitos picados. Planea con alas rectas y planas, y flexionadas hacia atrás.

En vuelo de persecución alcanza los 200 km/h y en picados supera los 250 km/h.

Silueta en vuelo coronado

La envergadura es 2,5 veces su longitud total.

Silueta fusiforme que se parece a un gran vencejo, con sus alas finas, puntiagudas y la cola corta.

Rapaz inconfundible en vuelo. A distancia, sus partes superiores parecen negras y las inferiores blancas.

Voz

Aunque normalmente silencioso, en su zona de cría es muy ruidoso. Gritos rápidos y agudos en serie de *guiu-guiu-guiu-guiu*.

En vuelo emite un agudo *kit-chit*, repetido y agitado.

Especies parecidas por su aspecto físico

El **esmerejón** es más pequeño, presenta dibujos faciales diferentes, mucho más lisos. Su silueta tiene otras proporciones, alas cortas y cola larga. Es solitario. En España es invernante y lo encontramos en otoño e invierno.

El **halcón peregrino** es ostensiblemente mayor, robusto y corpulento. Sus partes inferiores son barradas horizontalmente. Su vuelo no es tan grácil.

El **cernícalo vulgar** es de un tamaño similar, pero su librea es totalmente diferente. Sus alas son más cortas y no anguladas. Su cola más larga. En España es residente habitual.

La *fase clara* del **halcón de Eleonora** es más grande y con la cola más larga. Realiza aleteos lentos.

Principales amenazas

- La alteración del hábitat por urbanización total o parcial.
- Incendios forestales.
- Empleo masivo de pesticidas, plaguicidas y herbicidas.
- Poda y tala de los árboles donde se asentaban los nidos.
- Falta de zonas (nidos y plataformas) para criar.
- Competencia con otras aves en los recursos alimenticios.
- Expolio de nidos con robo de huevos y pollos. Cetrería ilegal.
- Acoso y persecución directa. Caza ilegal.
- Choque con tendidos eléctricos o aspas de aerogeneradores.

PANDIÓNIDOS

PANDIÓNIDOS

Águila pescadora

Familia *Pandionidae* (**pandiónidos**)

Es una familia monotípica, por tanto, comprende una sola especie: el águila pescadora.

Rapaz muy cosmopolita, distribuida por todo el mundo salvo el Polo Sur.

Existe un dimorfismo sexual inverso discreto, es decir, la hembra es algo mayor que el macho.

En la cabeza destaca una lista ocular oscura, una cresta corta en la nuca y un pico afilado y ganchudo. Las narinas u orificios nasales tienen forma de ranura, típico de aquellas especies que para pescar se zambullen.

En el pecho tiene unas plumas muy rígidas, siendo también una adaptación a los hábitos acuáticos. Su potente musculatura pectoral le permite sobrevolar directamente el mar en las migraciones.

Sus patas están muy evolucionadas. Los tarsos, excepcionalmente cortos para el tamaño del ave, probablemente para evitar las resistencia contra el agua cuando remonta después de zambullirse. Para capturar y acarrear los peces

tiene un dedo externo reversible que utiliza a modo de pinza y unas escamas espinosas en las plantas.

Sus alas son anguladas, con las manos caídas en el planeo.

Su hábitat está ligado siempre al agua, tanto marina como continental. Por tanto, su dieta se basa en peces.

Realizan enormes nidos a modo de cesta con palitroques, volviendo a ocupar el mismo cada año.

Águila pescadora

Águila extendida por todo el mundo, aunque en nuestro país es muy escasa. Ligada siempre al medio acuático. Es la reina de las rapaces pescadoras. Su parte superior es de color marrón y la inferior, blanca. Tiene unas garras enormemente evolucionadas para poder atrapar y trasportar peces, destacando su superficie plantar con escamas espinosas y un dedo externo reversible que utiliza de pinza.

CLASE: Aves

ORDEN: Accipitriformes

FAMILIA: *Pandionidae*

ESPECIE: *Pandion haliaetus.* (Linnaeus, 1758)

NOMBRE COMÚN: Osprey (ing.), águia-pescadora (port.), águila pescadora (cat.), arrano arrantzalea (eusk.), aguia pescadora (gal.), alica pescaira (ara.)

LONGITUD: 50-65 cm

ENVERGADURA: 140-180 cm

PESO: 1200-2000 g

SEXO: Plumaje igual para ambos sexos. Hembra algo mayor que el macho, sobre todo en peso. DSI: 85 %. Tamaño: 3 %. Peso: 14 %

LONGEVIDAD: Hasta 30 años

VIDA SOCIAL: Solitaria/grupos familiares

UBICACIÓN: Cosmopolita. Distribuida por todo el mundo, exceptuando la Antártida

MOVIMIENTOS: Migratorio. En España, especie frecuente durante el paso migratorio y estival con escasos invernantes

POBLACIÓN Y TENDENCIA: Muy escasa. Con tendencia a la recuperación tras décadas de declive

ESTADO DE AMENAZA: En peligro de extinción (EN). UICN 3.1: Preocupación menor (LC)

Rasgos de campo

Rapaz de mediano tamaño.

La cabeza es blanca con una característica raya negra que le cruza el ojo, llamada lista ocular, propia de la especie. Da aspecto de un antifaz oscuro. En la nuca destaca un pequeño moño blanquecino, formado por plumas largas, frecuentemente erizadas. Ojos amarillo anaranjados. Cera de color gris azulado pálido. Característico es su pico muy curvo y afilado, corto y de color negro.

El dorso, de color uniforme marrón oscuro. La parte inferior, muy blanca, con un moteado variable.

Sus alas son muy largas, puntiagudas y angulosas. En su parte inferior blanquecina destacan en negro unas manchas carpales (muñecas) y las puntas de las alas, así como bandas oscuras diagonales en las coberteras mayores. En el ave posada los extremos de las alas rebasan la punta de la cola.

Cola cuadrada, corta y barrada transversalmente de gris.

Sus tarsos, desnudos, de color gris azulado deslustrado. Los dedos son cortos, pero fuertes. Las suelas presentan unas escamas secas y espinosas a modo de ganchitos. Posee un dedo externo reversible que puede dirigir hacia atrás para, junto al dedo posterior, hacer pinza con los dos centrales. Sus uñas muy largas, curvadas y afiladas. Todo en sus garras se ha adaptado para sujetar a sus resbaladizas presas, los peces. Pueden levantar presas de hasta 1,8 kg.

Posee una glándula uropigial muy grande junto a la base de la cola, como corresponde a un ave de hábitos acuáticos, así mantiene el plumaje con una capa aceitosa impermeable.

Hábitat

Cerca de cualquier masa de agua tanto salada como dulce, pero siempre limpia, transparente y en calma. Se suele ver en las áreas costeras, pero también visita los estuarios, marismas, albuferas, salinas, pantanos, embalses, lagunas y grandes ríos.

Distribución geográfica

Los individuos del norte de Europa invernan en África subsahariana, migrando en solitario. En España continental vemos pasos y esporádica invernada cerca del Estrecho (Huelva y Cádiz), zonas favorables de Extremadura, delta del Ebro y la Albufera de Valencia.

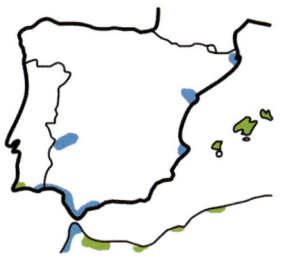

No se observan concentraciones cerca del estrecho de Gibraltar, pues, al no depender de las corrientes térmicas, pueden sobrevolar el mar.

Nidifica en las islas Baleares y Canarias. El número de parejas es muy reducido. Esta población es fundamentalmente sedentaria.

Caza

Se pasa horas subida en su posadero: una boya, árbol seco o pitón rocoso.

Sobrevuela las masas de aguas claras, tranquilas y con peces que se muevan cerca de la superficie, a una altura de 10-60 m, para localizar a su presa. Lo hace mediante aleteos profundos y regulares o con planeos. Cuando ha avistado al pez, cierra las alas y se lanza en picado. Justo antes de llegar al agua abre sus alas y proyecta sus garras hacia delante, para capturar a su presa en espectaculares zambullidas. Suelen sumergirse totalmente para la captura. Mientras sale del agua aprovecha para darle la vuelta al pez y que este saque la cabeza primero para disminuir la resistencia al agua. De allí, con su botín, a la atalaya o hasta el suelo limpio.

En ocasiones, pesca al acecho desde su posadero.

En la captura de peces, tiene un porcentaje alto de éxitos que ronda el 90 %. Sus especializadas garras sirven tanto para cazar en el agua como para transportar por el aire a los escurridizos peces.

Alimentación

Régimen alimenticio ictiófago casi exclusivamente. Peces vivos, principalmente aquellos que nadan próximos a la superficie, tanto de agua salada como dulce. De forma anecdótica y solamente cuando escasea el pescado o existen condiciones adversas, se nutren de aves, pequeños mamíferos, reptiles, anfibios...

No es normal que robe comida a otras aves, aunque en ocasiones sí la piratean a ella.

Reproducción

En la parada nupcial, el macho realiza vuelos de exhibición, elevándose a gran altura para dejarse caer en picado. Luego obsequia a la hembra con peces. También la pareja realiza rapidísimas persecuciones.

Construyen enormes nidos de ramas, similares a una cesta, pues suelen volver cada año al mismo nido. Ambos sexos participan en la construcción. El macho es el encargado de aportar el material, generalmente ramas secas. La hembra repara el nido y lo acondiciona con musgo, cortezas, algas... Tras sucesivas reutilizaciones puede alcanzar los 2 m de altura. Generalmente, están colocados en repisas de acantilados marinos, aunque también en árboles altos cerca del agua o torretas eléctricas que se encuentren cerca de aguas continentales.

Realizan una nidada anual, generalmente entre marzo-junio. Puesta de 2-4 huevos, normalmente 3, de color cremoso con manchas chocolate. Tamaño: 62 x 45 mm. La incubación dura 33-38 días, realizándola principalmente la hembra, aunque el macho colabora en determinados momentos. El macho pesca y aporta los peces al nido; la hembra se ocupa de la ceba. Los pollos permanecen en el nido unos 60 días.

Vuelo

El aleteo es lento, poderoso y regular. Realiza buenos planeos con las alas anguladas y las manos caídas, aprovechando las corrientes.

Silueta en vuelo coronado

La envergadura es 2,6 veces su longitud total. Las alas, grandes y angulosas, son claras, con manchas carpales (muñecas) diagonales y puntas de rémiges negras.

La forma puede asemejarse a la de la gaviota.

Cabeza, pecho y vientre muy blancos.

Voz

Por lo general, silenciosa, salvo en la época reproductora.

La alarma es un silbido agudo y chirriante: *quiuc-quiuc-quiuc*.

Y cerca del nido, un *pyew-pyew-pyew* repetitivo y alto.

Especies parecidas por su aspecto físico

El **águila culebrera**, junto a la pescadora, son las dos únicas águilas que tienen un marcado contraste entre su zona superior oscura y la inferior blanca. Sin embargo, esta no tiene ni lista ocular oscura ni marchas carpales negras. Su comportamiento y forma la hacen inconfundible.

El **águila perdicera** es de similar tamaño, pero con alas más anchas y no angulosas. Su hábitat son las montañas y parajes rocosos.

El **águila calzada** es de tamaño ostensiblemente menor. Su hábitat no está ligado al agua.

Principales amenazas

∘ Disminución de los recursos alimenticios o tróficos.
∘ La alteración del hábitat por urbanización total o parcial, instalaciones turísticas o recreativas en la costa.
∘ Presión demográfica con molestias en las zonas de cría, por los deportes náuticos, los excursionistas o los pescadores.
∘ Choque con tendidos eléctricos o aspas de aerogeneradores.
∘ Presión por la población de gaviotas patiamarillas.

Halcón de Eleonora

Elanio común

Rapaz pequeña y grácil, que se cierne como un cernícalo, por ello se asemeja a un halcón, aunque no pertenece a su familia, es un milano. De color gris o azulado muy característico, de ahí su nombre elanio azul, con manchas negras en los hombros y ojos de color rojo coral, muy peculiares.

CLASE: Aves
ORDEN: Accipitriformes
FAMILIA: *Accipitridae*
ESPECIE: *Elanus caeruleus.* Desfontaines, 1789
NOMBRE COMÚN: Black-shouldered kite (ing.), peneireiro-cinzento (port.), esparver d`espatlles negres (cat.), elano urdina (eusk.), lagarteiro cincento (gal.), esparbero blanco (ara.)
LONGITUD: 31-36 cm
ENVERGADURA: 72-87 cm
PESO: 200-310 g
SEXO: Plumaje igual para ambos sexos. Hembra algo mayor que el macho. DSI: 91 %. Tamaño: 4 %. Peso: 20 %
LONGEVIDAD: 6-7 años
VIDA SOCIAL: Solitario o en parejas. Cuando abunda se ve en bandos
UBICACIÓN: Suroeste de Europa, centro-sur de Portugal y oeste de España
MOVIMIENTOS: Sedentario. En España, especie residente regular
POBLACIÓN Y TENDENCIA: Escasa con tendencia al incremento
ESTADO DE ALARMA: Casi amenazado (NT). UICN 3.1: Preocupación menor (LC)

Rasgos de campo

Pequeña rapaz del tamaño de una paloma o de un cernícalo vulgar, pero de aspecto más robusto.

Cabeza ancha, roma, voluminosa y blanca. Con una máscara negra alrededor de sus grandes ojos, que le dan aspecto de lechuza. Estos, de color rojo coral, muy llamativos. Cera amarilla y pico negro.

Dorso gris pálido azulado con manchas coberteras alares de los hombros de color negro. Garganta y parte inferior de color blanco, excepto las puntas de las afiladas alas.

Alas anchas, largas y apuntadas. Las puntas de las alas (primarias) son de color gris por encima y negras por debajo, produciendo estas gran contraste con las partes inferiores blancas. En el ave posada, los extremos de las alas rebasan la punta de la cola.

Cola corta, estrecha, cuadrada y blancuzca.

Patas cortas, amarillas, y robustos pies.

En los juveniles las partes superiores parecen como escamadas, y su pecho y cabeza de color terroso.

Hábitat

Habita en terrenos abiertos, cercanos a árboles diseminados donde cría, cultivos de secano o regadío, dehesas, pastizales... Principalmente, en zonas de cereal con arbolado disperso.

Juvenil

Se le localiza frecuentemente posado en postes, junto a caminos y carreteras.

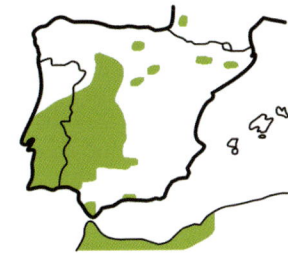

Distribución geográfica

Sedentario en Extremadura y zonas limítrofes. Pero se le ve de forma dispersa en otros puntos de la península ibérica.

Caza

De costumbres crepusculares, es decir, prefiere cazar con la luz del amanecer o del atardecer. Generalmente, pequeños mamíferos que atrapa en zonas de cereal.

Puede hacerlo al acecho, esperando en un posadero (poste, árbol...) hasta que localiza su alimento. O bien, volando a poca altura para cernirse y atrapar a su presa.

Alimentación

Principalmente, roedores y otros micromamíferos. En ocasiones, insectos (generalmente terrestres), anfibios, reptiles y aves pequeñas.

Reproducción

En la parada nupcial muestra un aleteo espasmódico con alas en V en vuelo de persecución.

Anida a baja altura en árboles. Bien aprovechando nidos viejos de córvidos u otras rapaces, bien construyendo uno nuevo con ramitas. Lo recubre de hierba y gramíneas. También pueden utilizar estructuras artificiales.

Más de un año (sup.).
Entre 70-120 días (inf.)

Realizan una nidada anual, generalmente entre abril-junio. Aunque dependiendo de la meteorología y de la abundancia de presas, pueden reproducirse prácticamente en cualquier época del año. Puesta de 2-5 huevos, normalmente 3, de color crema, manchados de pardo-rojizo. Tamaño: 39 x 31 mm. La incubación dura 25-30 días; ambos padres incuban, aunque es la hembra la que invierte más tiempo. Los pollos permanecen en el nido entre 27-30 días.

Vuelo
Es similar al del cernícalo vulgar, con rápidos aleteos y breves planeos, y cernidos.

Silueta en vuelo coronado
Alas largas, anchas y apuntadas.

De color blanco festoneado de negro y con manchas negras terminales.

Voz
Generalmente muy silencioso.

Emite un débil silbido *grii-er.*

Especies parecidas por su aspecto físico
El **aguilucho pálido** es algo mayor. El plumaje dorsal del macho puede asemejarse, pero ni su vuelo ni su hábitat coinciden.

El **cernícalo vulgar** es de similar tamaño, pero más grácil. Su librea es muy diferente. Su vuelo, parecido.

Principales amenazas
◦ Intensa transformación o alteración del hábitat, principalmente de los cultivos.
◦ Acoso y persecución directa. Caza ilegal.
◦ Vulnerable a los atropellos en carretera.

Halcón patirrojo

Halcón pequeño y redondeado de alas largas. Su cera, anillo orbital y patas, de intenso color rojo anaranjado, de donde le viene su nombre común. De costumbres crepusculares. En España se ve solo en paso.

CLASE: Aves
ORDEN: Falconiformes
FAMILIA: *Falconidae*
ESPECIE: *Falco vespertinus.* Linnaeus, 1766
NOMBRE COMÚN: Red-footed falcon (ing.), falcão-vespertino (port.), falco cama-roig (cat.), belatz hankagorria (eusk.), lagarteiro patirrubio (gal.)
LONGITUD: 25-34 cm
ENVERGADURA: 65-76 cm
PESO: 140-280 g
SEXO: Plumaje diferente según el sexo. Hembra similar en tamaño al macho. DSI: 98 %. Tamaño: 3 %. Peso: 8 %
LONGEVIDAD: 10 años
VIDA SOCIAL: Gregario, sobre todo en migración. Cría en colonias
UBICACIÓN: Cría en el este de Europa e invernan en el sur de África. Se ve en paso en la península ibérica y Baleares
MOVIMIENTOS: Migratorio. En España, especie frecuente durante el paso migratorio
POBLACIÓN Y TENENCIA: Muy escasa con tendencia incierta
ESTADO DE ALARMA: No evaluado (NE). UICN 3.1: Casi amenazado (NT)

Rasgos de campo

Rapaz de pequeño tamaño que está entre el alcotán y el cernícalo vulgar en proporciones y conducta. Es una de nuestras rapaces con menos DSI.

Anillo orbital rojo anaranjado. Ojos de color oscuro. Cera también rojo anaranjada y pico negro.

Los *machos*, de color uniforme gris azulado con la punta de las alas más claras. Los muslos y las infracoberteras caudales (zona anal), de color rojo óxido.

Las *hembras*, zona dorsal de color gris pizarra. Píleo y parte inferior de color anaranjado, con fino moteado vertical. La frente y la cara, blancas, resaltando una mancha ocular (antifaz) y una pequeña bigotera oscuras. Dorso, alas y cola grises, con listas transversales de pardo.

Las alas, largas y la cola, corta. En el ave posada, los extremos de las alas cubren totalmente la cola.

Las patas de color rojo anaranjado.

Hembra

Hábitat
Gusta de espacios abiertos, matorrales, sotos, linderos de los bosques, junto a humedales, incluso lo vemos cerca de casas de campo.

Distribución geográfica
Invernan en África tropical y meridional y crían en el este de Europa, y norte y centro de Asia.

Lo vemos en paso de forma regular, pero escasa, atravesando la península ibérica por la costa catalana y Baleares en primavera y verano (abril/septiembre). Se desplaza en nutridos grupos.

Caza
Caza frecuentemente al anochecer cuando abundan los insectos.

Puede cernirse en el aire y calarse sobre su presa en tierra una vez localizada. También caza al acecho, apostado sobre postes, cables...

Aunque es raro, en ocasiones puede cazar en el aire.

Alimentación
Se alimenta principalmente de insectos, teniendo predilección por los ortópteros (saltamontes...) También come pequeños mamíferos (roedores), anfibios y reptiles en tierra. Incluso pequeños pajarillos.

Reproducción
En época de nidificación es colonial, entre 10-100 parejas.

Anidan en árboles generalmente, aunque también en cortados rocosos o en el suelo. Como otros halcones, utiliza nidos viejos de córvidos u otras rapaces.

Realizan una nidada anual, generalmente entre abril-mayo. Puesta de 3-6 huevos, de color crema, manchados en pardo rojizo. Tamaño: 37 x 29 mm. La incubación dura 22-28 días, colaborando ambos sexos. Los pollos permanecen en el nido entre 30-35 días.

Vuelo
Los aleteos son rápidos. Se ciernen bien en el aire y pican repentinamente sobre su presa.

Silueta en vuelo coronado
Forma fusiforme de falcónidos, con alas largas y cola corta.

Los *machos*, de color gris oscuro con infracoberteras caudales, muslos y patas rojas. Las *hembras*, con parte inferior de color anaranjado.

Voz
En época de cría suelen emitir un rápido grito *kekekeke*, similar al del cernícalo vulgar, pero más agudo y penetrante. En vuelo, un lastimero *kiu-kiu-kiu*.

Especies parecidas por su aspecto físico
El **alcotán europeo** es más pequeño y ligero. También más oscuro. Lo encontramos en España solo en la época estival.

El **cernícalo vulgar** es un poquito mayor. Sus patas son amarillas. Es residente regular en España.

El **cernícalo primilla** es de similar tamaño. Especie estival regular. No tiene sus patas rojas inconfundibles.

El **halcón peregrino** es mucho mayor y poderoso. Su plumaje presenta tonos y dibujos diferentes. Su vuelo y caza son muy diferentes. Es residente regular en España.

El **halcón de Eleonora** en su *fase clara* es más grande y con la cola más larga. Las patas, de color amarillo. Realiza aleteos lentos.

Principales amenazas
∘ Alteración del hábitat que provoca disminución de sus presas y de sus lugares de nidificación.

◦ Persecución de los córvidos y, por tanto, disminución de sus nidos.
◦ Acoso y persecución directa. Caza ilegal.

Halcón de Eleonora

Halcón de mediano tamaño, aunque más pequeño y delgado que el peregrino. Es esbelto y ágil. Con la forma aerodinámica de su familia, pero tiene las alas y la cola más largas y estrechas. Se ha adaptado para coexistir durante el periodo reproductivo de las aves migratorias, así caza pequeñas aves en migración sobre el mar y grandes insectos. Es viajero, nómada y marino. En España lo encontramos en islas.

CLASE: Aves
ORDEN: Falconiformes
FAMILIA: *Falconidae*
ESPECIE: *Falco eleonorae.* Guiseppe Gené, 1839
NOMBRE COMÚN: Eleonor's falcon (ing.), falcão-da-rainha (port.), falcó de la reina (cat.), Eleonor belatz (eusk.), falcón da raiña (gal.)
LONGITUD: 36-42 cm
ENVERGADURA: 84-104 cm
PESO: Macho: 350-390 g; hembra: 340-460 g
SEXO: Plumaje igual para ambos sexos. Tiene dos morfos, claro y oscuro. Hembra ostensiblemente mayor que el macho. DSI: 84 %. Tamaño: 8 %. Peso: 9 %
LONGEVIDAD: 6 años
VIDA SOCIAL: Gregarios en pequeñas bandadas laxas, ocasionalmente solitarios.
UBICACIÓN: Cría en el Mediterráneo y algunos puntos del este del Atlántico e invernan en Madagascar y el este de África. Cría en Baleares, Columbretes y Canarias
MOVIMIENTOS: Migratorio. En España, especie estival regular
POBLACIÓN Y TENDENCIA: Población pequeña, pero con evolución positiva. Regular, aunque escaso
ESTADO DE ALARMA: Casi amenazado (NT). UICN 3.1: Casi amenazado (NT)

Rasgos de campo

Sexos similares en cuanto a librea. Se diferencian por los colores de las partes desnudas, su cera y su anillo ocular, que en los machos son amarillos y en las hembras, azules grisáceos. También se distinguen por su tamaño, estas mayores.

Ojos marrones oscuros. Pico negro azulado.

En la *fase clara* (75 %), el píleo y la zona dorsal son de color pardo oscuro. Las mejillas, claras, de color crema con una marcada bigotera, estrecha y negra. La zona ventral y calzas, de color rojizo, algo barradas. Se podría semejar a un alcotán con las partes inferiores de color canela.

En la *fase oscura*, todo el plumaje es negruzco, algo más marcado en las zonas dorsales.

En ambos fases hay un marcado contraste entre las infracoberteras oscuras y las primarias claras.

Las alas, largas y puntiagudas. La cola, larga y de extremo redondeado. En el ave posada los extremos de las alas rebasan la punta de la cola.

Las patas de color amarillo.

Los jóvenes, con las rémiges y rectrices más pálidas y fuertemente barradas, y con mejillas claras. Adquieren la librea de adulto a los 2 o 3 años.

Hábitat

Cría en los acantilados de islas pequeñas o islotes, en muchos casos, deshabitados.

En migración y época no reproductiva utiliza zonas diversas: monte bajo, zonas se arbolado abierto, bosques y humedales.

Lo encontramos en un rango de cotas muy variado, desde el nivel del mar hasta los 2000 m de altitud.

Distribución geográfica

Inverna en Madagascar, islas Mauricio y Reunión y en algunos zonas de la costa oriental de África.

Cría en las zonas costeras del Mediterráneo, tanto en el sur de Europa como en el norte de África, así como es sus islas e islotes. También en las islas del este del Atlántico, tanto en las costas del NO de Marruecos como en las islas Canarias.

Es más abundante en las islas que en las costas continentales.

En España cría en las islas Baleares (Mallorca, Dragonera, Cabrera, Ibiza e islotes), Columbretes y Canarias (islotes al norte de Lanzarote). Estas son las más suroccidentales de la especie. Se le puede ver de abril a noviembre.

Realiza migraciones de larga distancia en pequeñas bandadas, pudiéndose realizar parcialmente por el interior peninsular, lo que ha dado lugar a avistamientos.

Caza

Podemos distinguir la época de cría y el resto del año, dependiendo de la disponibilidad de las presas.

Cuando cría es casi exclusivamente ornitófago. Se alimenta de pequeñas aves en migración otoñal, cazando grandes cantidades. Caza frecuentemente al alba o en el ocaso, cuando el paso de aves migratorias es más abundante. Suele hacerlo en grupos de 10-20 ejemplares. La técnica consiste en esperar colgados a una altitud de hasta 1000 m, hasta que las aves lleguen sobre el mar. Entonces, realizan picados o persecuciones hasta capturarlos. Aunque el porcentaje de éxitos es bajo, es enorme la cantidad de aves abatidas.

En otras épocas, sobre tierra, caza grandes insectos en el aire que con sus garras se lleva al pico para comérselos en vuelo.

Alimentación

Se alimenta casi exclusivamente de aves pequeñas o medianas, migratorias en época de cría, cazando más aves de las que necesita y formando despensas cerca del nido. Suelen ser: zorzales, mosquiteros, pichones de palomas, codornices, vencejos...

Y en el resto del año come grandes insectos: ortópteros como saltamontes, lepidópteros como mariposas, anisópteros como libélulas, coleópteros como escarabajos, himenópteros como hormigas aladas...

En raras ocasiones se alimenta de murciélagos o reptiles como lagartos.

Reproducción

En época de nidificación es colonial, entre 5-25 y hasta 300 parejas. En época de cría no son especialmente agresivos ni asustadizos.

Es el ciclo reproductivo más tardío de nuestras aves de presa diurnas, debido al aprovechamiento de las aves migratorias otoñales para su alimentación.

En la parada nupcial, que comienza a finales de abril, realizan ruidosas exhibiciones aéreas no en parejas, sino en grupo. Varían desde vuelos ondulantes a picados sobre el mar o la percha. Los machos los pueden hacer hasta la espalda de la hembra, girando esta y presentándole las garras. Y el macho posado puede abrir la cola en abanico o realizar "reverencias".

Anidan en un hueco, plataforma o cueva de un escarpe, normalmente no a más de 30 m del mar, sin realizar nido. La distancia entre ellos dentro de la colonia de nidificación es de 10-15 m. Raramente, como otros halcones, utilizan viejos nidos.

Realizan una nidada anual, generalmente entre finales de julio y principio de septiembre. Puesta de 1-5 huevos, normalmente 2-3, a intervalos de 1-2 días, de color blanco rosado con motas pardas. Tamaño: 42 x 33 mm. La incubación dura 28-30 días, realizándola la hembra. Los pollos permanecen en el nido 35-40 días.

Vuelo

Sus aleteos son lentos y poco profundos, distinto de lo que cabría esperar en un halcón. Aunque más profundos en las persecuciones, capaz de adquirir tremendas velocidades. Sin embargo, es muy grácil y ágil en el vuelo.

Realiza tres tipos básicos de vuelo: remonta y planea con las alas horizontales o algo caídas, picados oblicuos con las alas y la cola cerradas y se cierne con la cola abierta, permaneciendo inmóvil en el aire.

Después de ver, junto a un acantilado, lo que parece un vencejo común grande, con rapidísimos picados e inmovilizados, cerniéndose en el aire, y observar su lento y flemático aleteo, comprobamos su diferencia con el resto de los halcones.

Están en el aire buena parte del día.

Silueta en vuelo coronado
La envergadura es 2,4 veces su longitud total.

Forma fusiforme general de los falcónidos, pero con las alas y colas especialmente largas y estrechas, y cuerpo fino.

La zona anterior de las alas, oscura y la posterior, clara.

Voz
Cuando cría suele ser ruidoso. El reclamo más común es corto y áspero, tipo *caier-caier*.

El sonido de alarma cerca del nido es agudo y rítmico *ke-ke-ke*.

Especies parecidas por su aspecto físico
La *fase clara* recuerda al **alcotán europeo,** aunque más pequeño y con la cola más corta. Durante el vuelo realiza rápidos aleteos y tiene las alas en guadaña.

La *fase oscura* recuerda al macho del **cernícalo patirrojo,** aunque es más pequeño y compacto. Tiene la zona cloacal y calzas de color rojizo. Sus aleteos son más rápidos

Principales amenazas

∘ La alteración del hábitat, principalmente por embarcaciones.
∘ Empleo masivo de pesticidas, plaguicidas y herbicidas.
∘ La presión demográfica por motivos turísticos.
∘ Expolio de nidos con robo de huevos y pollos, ahora muy escaso debido a lo dificultoso de acceder a la zona de nidificación. Cetrería ilegal.
∘ Acoso y persecución directa. Caza ilegal.
∘ Predación natural por la gaviota patiamarilla.
∘ Predación natural por ratas.
∘ Choque con tendidos eléctricos o aspas de aerogeneradores.

CLASIFICACIÓN Y APÉNDICES

accipítridos falcónidos pandiónidos
• • • • •

CUADRO **TAMAÑO**

ESPECIE	Longitud (cm)	Envergadura (cm)	Cola (cm)	Peso (g)	Clasificación
Águila real	75-90	180-230	27-38	3.000-6700	grande
Águila imperial	70-83	180-231	26-32	2.500-3900	grande
Águila calzada	42-55	110-135	19-23	600-1100	mediana
Águila perdicera	58-73	145-180	23-30	1500-2500	mediana
Águila culebrera	62-72	161-178	25-34	1500-2500	mediana
Busardo ratonero	50-57	120-140	18-23	550-1200	mediano
Abejero europeo	52-60	115-148	22-29	550-1050	mediano
Aguilucho lagunero	48-56	110-140	20-27	450-1050	mediano
Aguilucho pálido	42-55	100-118	20-27	300-600	mediano-peq.
Aguilucho cenizo	41-46	100-115	20-25	250-400	pequeño-med.
Azor común	48-65	90-120	21-28	650-1400	mediano
Gavilán común	28-38	60-80	13-20	110-300	pequeño
Milano real	60-65	140-170	28-36	750-1200	mediano
Milano negro	50-65	115-150	23-35	650-1000	mediano
Buitre leonado	95-110	230-270	29-32	7.000-11000	grande
Buitre negro	100-120	260-300	32-40	7.000-12000	grande
Alimoche común	60-70	150-170	21-25	1600-2300	mediano
Quebrantahuesos	100-130	240-290	40-55	5000-8000	grande
Halcón peregrino	38-50	85-115	15-25	550-1100	mediano
Cernícalo vulgar	32-38	65-80	13-18	180-300	pequeño
Cernícalo primilla	27-33	61-71	11-16	100-200	enano
Esmerejón	25-35	56-70	10-14	150-260	enano
Alcotán europeo	28-35	70-85	13-17	140-340	pequeño
Águila pescadora	50-65	140-180	17-25	1200-2000	mediano
Elanio común	31-36	72-87	10-15	200-310	pequeño
Cernícalo patirrojo	25-34	65-76	12-14	140-280	enano-peq.
Halcón de Eleonora	36-42	84-104	15-20	340-460	pequeño-med.

grande	mediano	pequeño	enano

accipítridos **falcónidos** **pandiónidos**
••••••••••••••

Cuadro **DSI-TALLA-PESO**

ESPECIE	DSI %	Talla %	Peso %
Águila real	80	9	45
Águila imperial	84	8	30
Águila calzada	77	10	55
Águila perdicera	89	8	10
Águila culebrera	90	2	22
Busardo ratonero	86	5	16
Abejero europeo	94	2	7
Aguilucho lagunero	86	4	15
Aguilucho pálido	77	12	55
Aguilucho cenizo	94	2	20
Azor común	71	15	45-90
Gavilán común	62	20	77
Milano real	86	3	28
Milano negro	86	5	17
Buitre leonado	92	5	10
Buitre negro	93	3	7
Alimoche común	98	3	10-15
Quebrantahuesos	98	3	10
Halcón peregrino	71	15	50-90
Cernícalo vulgar	87	4	20
Cernícalo primilla	97	3	20
Esmerejón	80	12	30
Alcotán europeo	86	4	28
Águila pescadora	85	3	14
Elanio común	91	4	20
Cernícalo patirrojo	98	3	8
Halcón de Eleonora	84	8	9

Menos del 75 %, hembra mucho mayor que el macho

75 %-85 %, hembra ostensiblemente mayor que el macho

85 %-95 %, hembra algo mayor que el macho

Más de 95 %, hembra similar en tamaño al macho

accipítridos falcónidos pandiónidos

CUADRO **ALIMENTACIÓN**

ESPECIE	mamif. med.	mamif. peq.	aves	pequeñ. reptiles	anfibios	peces	insect. volad.	insect. terr.	carroña
Águila real	G	G	G	G	O				G
Águila imperial		G	G	G					O
Águila calzada		G	G	G			O		
Águila perdicera		G	G	O					
Águila culebrera		O	O	G	O			O	
Busardo ratonero		G	O	G	G		G	G	G
Abejero europeo		O	O	O	O		G	O	
Aguilucho lagunero		O	G	O	G	G	O	O	G
Aguilucho pálido		G	G	O	O			O	
Aguilucho cenizo		G	G	G	G		G	G	
Azor común		G	G						
Gavilán común		O	cE					O	
Milano real		G	G	G	G		G	G	G
Milano negro		G	G	G	G	G	G	G	G
Buitre leonado									E
Buitre negro		O							cE
Alimoche común				O	O	O	O	O	cE
Quebrantahuesos									cE
Halcón peregrino			E						
Cernícalo vulgar		G	O	G	G		G	G	
Cernícalo primilla		O		O			G	O	
Esmerejón		O	cE	O	O		O		
Alcotán europeo		O	G	O			G		
Águila pescadora		O	O	O	O	cE			
Elanio común		G	G	G	G			G	
Cernícalo patirrojo		O	O	O	O		G	G	
Halcón de Eleonora			cE	O			G		

Exclusivamente (E)   Generalmente (G)
Casi exclusivamente (cE)   Ocasionalmente (O)

accipítridos **falcónidos** **pandiónidos**
•••••
CUADRO **HÁBITAT**

ESPECIE	Terrenos abiertos	Matorral	Bosque	Montañas y parajes rocosos	Agua
Águila real				✓	
Águila imperial	✓	✓			
Águila calzada		✓	✓		
Águila perdicera				✓	
Águila culebrera		✓	✓		
Busardo ratonero	✓	✓	✓		
Abejero europeo	✓	✓	✓		
Aguilucho lagunero	✓				✓
Aguilucho pálido	✓	✓			
Aguilucho cenizo	✓				
Azor común			✓		
Gavilán común		✓	✓		
Milano real	✓	✓	✓		
Milano negro	✓	✓			✓
Buitre leonado	✓			✓	
Buitre negro		✓	✓		
Alimoche común				✓	
Quebrantahuesos				✓	
Halcón peregrino	✓				
Cernícalo vulgar	✓	✓			
Cernícalo primilla	✓				
Esmerejón	✓	✓			
Alcotán europeo	✓				
Águila pescadora					✓
Elanio común	✓				
Cernícalo patirrojo	✓	✓			
Halcón de Eleonora		✓	✓		✓

accipítridos **falcónidos** **pandiónidos**
••••••••••••••

Cuadro **REPRODUCCIÓN**

ESPECIE	OCT.	NOV.	DIC.	EN.	FEB.	MAR.	ABR.	MAY.	JUN.	JUL.	AGO.	SEPT.
Águila real												
Águila imperial												
Águila calzada												
Águila perdicera												
Águila culebrera												
Busardo ratonero												
Abejero europeo												
Aguilucho lagunero												
Aguilucho pálido												
Aguilucho cenizo												
Azor común												
Gavilán común												
Milano real												
Milano negro												
Buitre leonado												
Buitre negro												
Alimoche común												
Quebrantahuesos												
Halcón peregrino												
Cernícalo vulgar												
Cernícalo primilla												
Esmerejón												
Alcotán europeo												
Águila pescadora												
Elanio común												
Cernícalo patirrojo												
Halcón de Eleonora												

Celo
Incubación
Pollos

accipítridos falcónidos pandiónidos
• •

Cuadro **LUGAR DE NIDIFICACIÓN**

ESPECIE

Águila real	GENERALMENTE EN ROQUEDOS, MENOS FRECUENTE SOBRE ÁRBOLES
Águila imperial	SOBRE ÁRBOLES, EN LO MÁS ALTO
Águila calzada	GENERALMENTE SOBRE ÁRBOLES, EN OCASIONES EN ACANTILADOS
Águila perdicera	GENERALMENTE EN ROQUEDOS, MENOS FRECUENTE SOBRE ÁRBOLES
Águila culebrera	SOBRE ÁRBOLES, EN LO MÁS ALTO
Busardo ratonero	GENERALMENTE SOBRE ÁRBOLES, EN OCASIONES EN ACANTILADOS
Abejero europeo	SOBRE ÁRBOLES
Aguilucho lagunero	SOBRE EL SUELO
Aguilucho pálido	SOBRE EL SUELO
Aguilucho cenizo	SOBRE EL SUELO
Azor común	SOBRE ÁRBOLES, JUNTO AL TRONCO
Gavilán común	SOBRE ÁRBOLES, JUNTO AL TRONCO
Milano real	SOBRE ÁRBOLES
Milano negro	SOBRE ÁRBOLES
Buitre leonado	GENERALMENTE EN ROQUEDOS, INFRECUENTEMENTE SOBRE ÁRBOLES
Buitre negro	SOBRE ÁRBOLES, EN LO MÁS ALTO
Alimoche común	EN ROQUEDOS
Quebrantahuesos	EN ROQUEDOS
Halcón peregrino	NORMALMENTE EN ROQUEDOS, MENOS FRECUENTE SOBRE ÁRBOLES O EDIFICIOS
Cernícalo vulgar	EN ROQUEDOS, SOBRE ÁRBOLES, EN EDIFICIOS ABANDONADOS...
Cernícalo primilla	EN EDIFICIOS ABANDONADOS, OCASIONALMENTE EN ROQUEDOS Y ÁRBOLES
Esmerejón	EN ROQUEDOS, SOBRE ÁRBOLES, EN EL SUELO...
Alcotán europeo	SOBRE ÁRBOLES
Águila pescadora	EN ACANTILADOS, SOBRE ÁRBOLES, EN TORRETAS..., CERCA DEL AGUA
Elanio común	SOBRE ÁRBOLES
Cernícalo patirrojo	GENERALMENTE SOBRE ÁRBOLES, TAMBIÉN EN ROQUEDOS Y EN EL SUELO
Halcón de Eleonora	EN ACANTILADOS

accipítridos falcónidos pandiónidos

Cuadro **VUELO CORONADO**

ESPECIE

Especie	Descripción
Águila real	**Silueta:** alas largas y anchas, y cola grande con borde redondeado.
	Zona ventral y alas oscuras con primarias extendidas.
Águila imperial	**Silueta:** alas muy largas y anchas (cuadradas), y cola cuadrada y más corta.
	Zona ventral y alas oscuras con primarias extendidas y hombros claros.
Águila calzada	**Silueta:** alas estrechas con bordes paralelos y cola larga.
	Zona ventral clara y alas a dos tonos: anterior clara y posterior oscura.
Águila perdicera	**Silueta:** alas más anchas y cortas que otras águilas, y larga cola rectangular.
	Zona ventral clara y alas claras con diagonal negruzca en zona media.
Águila culebrera	**Silueta:** alas largas, anchas y redondeadas, y cola larga barrada
	Clara por abajo, salvo cuello y punta de las alas.
Busardo ratonero	**Silueta:** alas anchas y cola ancha redondeada.
	Zona ventral y alas parduzcas con manchas carpales negras y reborde oscuro.
Abejero europeo	**Silueta:** alas anchas con base estrecha y cola larga en abanico con tres bandas.
	Color crema, con bandas longitudinales en alas y moteados en zona ventral.
Aguilucho lagunero	**Silueta:** alas largas y algo anguladas, y cola larga rectangular.
	Macho claro con puntas oscuras y hembra oscura con hombros crema.
Aguilucho pálido	**Silueta:** alas largas y algo anguladas, y cola larga rectangular.
	Macho claro con puntas oscuras y hembra parda con barras longitudinales en alas.
Aguilucho cenizo	**Silueta:** alas largas, puntiagudas y algo anguladas, y cola larga rectangular.
	Macho claro con puntas oscuras y dos bandas y hembra parda con barras longitudinales en alas.
Azor común	**Silueta:** alas cortas, anchas y redondeadas, y cola muy larga redondeada.
	Claro por abajo, ondeada longitudinalmente de gris.
Gavilán común	**Silueta:** alas cortas, anchas y redondeadas, y cola retangular muy larga.
	Macho con cuerpo anaranjado y hembra con cuerpo grisáceo. Alas claras ondeadas longitudinalmente.
Milano real	**Silueta:** alas largas y angulosas y cola muy ahorquillada.
	Zona ventral rojiza y alas con manchas carpales blancas y primarias negras.
Milano negro	**Silueta:** alas largas y angulosas y cola algo escotada.
	Oscuro sin manchas carpales.

Buitre leonado	**Silueta:** alas largas y anchas con primarias separadas, y cola corta y cuadrada.
	Zona ventral pardo y alas a dos tonos: anterior pardo y posterior oscuro como la cola.
Buitre negro	**Silueta:** alas muy largas y anchas, y cola más larga.
	Uniformemente marrón oscuro.
Alimoche común	**Silueta:** alas muy largas y anchas, y cola romboidal.
	Zona ventral y cola blancas, y alas a dos tonos: anterior blanca y posterior oscura.
Quebrantahuesos	**Silueta:** alas largas, estrechas y algo anguladas, y cola muy grande de forma romboidal.
	Zona ventral anaranjada, y alas y cola oscuras.
Halcón peregrino	**Silueta:** alas largas, estrechas y puntiagudas, y cola corta rectangular.
	Clara jaspeada con cola barrada.
Cernícalo vulgar	**Silueta:** alas largas, estrechas y puntiagudas, y cola larga en abanico.
	Color crema, con ondas longitudinales oscuras en alas y moteados en zona ventral.
Cernícalo primilla	**Silueta:** alas largas, estrechas y puntiagudas, y cola más corta y algo romboidal.
	Color crema rosado con fino moteado oscuro, la cola con marcada banda terminal oscura.
Esmerejón	**Silueta:** alas cortas, de base ancha y puntiagudas, y cola larga y cuadrada.
	Macho con cuerpo anaranjado y hembra con cuerpo crema. Alas claras con listas oscuras longitudinales.
Alcotán europeo	**Silueta:** alas estrechas, puntiagudas y anguladas, y cola corta, estrecha, algo romboidal.
	Zona ventral y alas claras con listados oscuros. Muslos y zona anal rojizos.
Águila pescadora	**Silueta:** alas muy largas, puntiagudas y anguladas, y cola corta y cuadrada.
	Zona ventral blanca y alas blanquecinas con manchas carpales y puntas negras.
Elanio común	**Silueta:** alas largas, anchas y apuntadas, y cola corta, estrecha y cuadrada.
	Blanca por abajo, salvo puntas de alas negras.
Cernícalo patirrojo	**Silueta:** alas largas, estrechas y puntiagudas, y cola corta.
	Macho grisáceo con muslos y zona anal rojizos y hembra anaranjada con moteado fino.
Halcón de Eleonora	**Silueta:** alas largas, estrechas y puntiagudas, y cola larga y redondeada.
	Zona ventral rojiza u oscura y alas a dos tonos: anterior negra y posterior más clara.

accipítridos falcónidos pandiónidos

Cuadro OJOS Y TARSOS

ESPECIE	OJOS	TARSOS
Águila real	Avellana o ambarinos	Largos y con calzas
Águila imperial	Marrón dorados	Amarillos con calzas
Águila calzada	Anaranjados	Largos y con calzas
Águila perdicera	Ambarinos o amarillos pálido	Muy largos y con calzas
Águila culebrera	Amarillos anaranjando, frontales	Muy largos, desnudos y escamosos
Busardo ratonero	Ambarino rojizos	Amarillos desnudos
Abejero europeo	Ambarino rojizos	Semiplumados en la parte anterior
Aguilucho lagunero	M: amarillentos y H: marrones	Largos y amarillos
Aguilucho pálido	Amarillos	Largos y amarillos
Aguilucho cenizo	Amarillos	Largos y amarillos
Azor común	Anaranjados	Cortos, gruesos y amarillos
Gavilán común	Amarillos	Largos y amarillos
Milano real	Ambarinos	Amarillos
Milano negro	Ambarinos o grisáceos	Cortos y amarillos
Buitre leonado	Ambarinos	Cortos, desnudos y grises
Buitre negro	Oscuros, castaños	Desnudos y azulados
Alimoche común	Pardo rojizos	Relativamente largos y de color carne
Quebrantahuesos	Amarillos	Con calzas naranjas
Halcón peregrino	Oscuros, marrones	Amarillos con dedos largos
Cernícalo vulgar	Oscuros, castaños	Amarillos con dedos cortos
Cernícalo primilla	Oscuros, marrones	Amarillos, dedos cortos, uñas blancas
Esmerejón	Oscuros, marrones	Amarillos con dedos pequeños y finos
Alcotán europeo	Oscuros, marrones	Amarillos con dedos largos y finos
Águila pescadora	Amarillos anaranjados	Grises desnudos, dedos con escamas
Elanio común	Rojos coral	Amarillos
Cernícalo patirrojo	Oscuros, marrones	Rojos anaranjado
Halcón de Eleonora	Oscuros, marrones	Amarillos

accipítridos **falcónidos** pandiónidos
• •

Cuadro **RELACIÓN ALAS Y COLA**

ESPECIE

Águila real	LOS EXTREMOS DE LAS ALAS **LLEGAN HASTA** LA PUNTA DE LA COLA	4
Águila imperial	LOS EXTREMOS DE LAS ALAS **TERMINAN CERCA** DE LA PUNTA DE LA COLA	3
Águila calzada	LOS EXTREMOS DE LAS ALAS **TERMINAN CERCA** DE LA PUNTA DE LA COLA	3
Águila perdicera	LOS EXTREMOS DE LAS ALAS **TERMINAN BASTANTE ANTES** DE LA PUNTA DE LA COLA	1
Águila culebrera	LOS EXTREMOS DE LAS ALAS **TERMINAN CERCA** DE LA PUNTA DE LA COLA	3
Busardo ratonero	LOS EXTREMOS DE LAS ALAS **LLEGAN HASTA** LA PUNTA DE LA COLA	4
Abejero europeo	LOS EXTREMOS DE LAS ALAS **TERMINAN CERCA** DE LA PUNTA DE LA COLA	3
Aguilucho lagunero	LOS EXTREMOS DE LAS ALAS **TERMINAN ANTES** DE LA PUNTA DE LA COLA	2
Aguilucho pálido	LOS EXTREMOS DE LAS ALAS **TERMINAN CERCA** DE LA PUNTA DE LA COLA	3
Aguilucho cenizo	LOS EXTREMOS DE LAS ALAS **TERMINAN CERCA** DE LA PUNTA DE LA COLA	3
Azor común	LOS EXTREMOS DE LAS ALAS **TERMINAN BASTANTE ANTES** DE LA PUNTA DE LA COLA	1
Gavilán común	LOS EXTREMOS DE LAS ALAS **TERMINAN BASTANTE ANTES** DE LA PUNTA DE LA COLA	1
Milano real	LOS EXTREMOS DE LAS ALAS **TERMINAN CERCA** DE LA PUNTA DE LA COLA	3
Milano negro	LOS EXTREMOS DE LAS ALAS **TERMINAN CERCA** DE LA PUNTA DE LA COLA	3
Buitre leonado	LOS EXTREMOS DE LAS ALAS **CUBREN TOTALMENTE** LA PUNTA DE LA COLA	5
Buitre negro	LOS EXTREMOS DE LAS ALAS **CUBREN TOTALMENTE** LA PUNTA DE LA COLA	5
Alimoche común	LOS EXTREMOS DE LAS ALAS **LLEGAN HASTA** LA PUNTA DE LA COLA	4
Quebrantahuesos	LOS EXTREMOS DE LAS ALAS **TERMINAN BASTANTE ANTES** DE LA PUNTA DE LA COLA	1
Halcón peregrino	LOS EXTREMOS DE LAS ALAS **TERMINAN CERCA** DE LA PUNTA DE LA COLA	3
Cernícalo vulgar	LOS EXTREMOS DE LAS ALAS **TERMINAN BASTANTE ANTES** DE LA PUNTA DE LA COLA	1
Cernícalo primilla	LOS EXTREMOS DE LAS ALAS **TERMINAN CERCA** DE LA PUNTA DE LA COLA	3
Esmerejón	LOS EXTREMOS DE LAS ALAS **TERMINAN ANTES** DE LA PUNTA DE LA COLA	2
Alcotán europeo	LOS EXTREMOS DE LAS ALAS **REBASAN** LA PUNTA DE LA COLA	6
Águila pescadora	LOS EXTREMOS DE LAS ALAS **REBASAN** LA PUNTA DE LA COLA	6
Elanio común	LOS EXTREMOS DE LAS ALAS **REBASAN** LA PUNTA DE LA COLA	6
Cernícalo patirrojo	LOS EXTREMOS DE LAS ALAS **CUBREN TOTALMENTE** LA PUNTA DE LA COLA	5
Halcón de Eleonora	LOS EXTREMOS DE LAS ALAS **REBASAN** LA PUNTA DE LA COLA	6

Del 1 al 6, de menos a más, cercanía de la punta de las alas al extremo caudal

accipítridos **falcónidos** **pandiónidos**

CUADRO **SILUETA-TAMAÑO**

Buitre negro

Águila perdicera

Quebrantahuesos

Águila pescadora

Buitre leonado

Águila culebrera

Águila real

Alimoche común

Águila imperial

Milano real

Milano negro

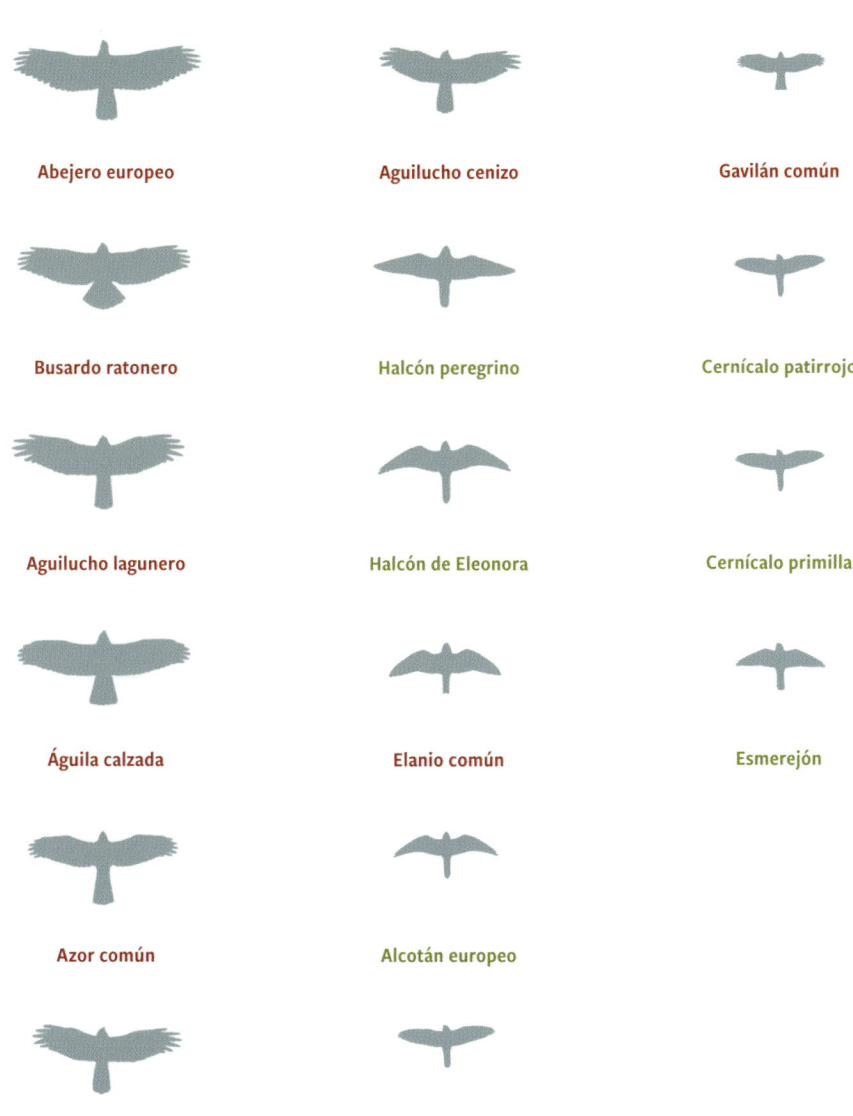

Abejero europeo

Aguilucho cenizo

Gavilán común

Busardo ratonero

Halcón peregrino

Cernícalo patirrojo

Aguilucho lagunero

Halcón de Eleonora

Cernícalo primilla

Águila calzada

Elanio común

Esmerejón

Azor común

Alcotán europeo

Aguilucho pálido

Cernícalo vulgar

accipítridos falcónidos pandiónidos

CUADRO ÉPOCA DEL AÑO

Leyenda de colores: **R** = Residente todo el año · **V** = Residente en verano · **I** = Residente en invierno · **P** = En paso

ESPECIE	EN.	FEBR.	MAR.	ABR.	MAY.	JUN.	JUL.	AGO.	SEPT.	OCT.	NOV.	DIC.
Águila real	R	R	R	R	R	R	R	R	R	R	R	R
Águila imperial	R	R	R	R	R	R	R	R	R	R	R	R
Águila calzada			V	V	V	V	V	V	V	V		
Águila perdicera	R	R	R	R	R	R	R	R	R	R	R	R
Águila culebrera			V	V	V	V	V	V	V	V		
Busardo ratonero	R	R	R	R	R	R	R	R	R	R	R	R
Abejero europeo				V	V	V	V	V	V			
Aguilucho lagunero	R	R	R	R	R	R	R	R	R	R	R	R
Aguilucho pálido	I	I	I	R	R	R	R	R	R	I	I	I
Aguilucho cenizo			V	V	V	V	V	V	V			
Azor común	R	R	R	R	R	R	R	R	R	R	R	R
Gavilán común	R	R	R	R	R	R	R	R	R	R	R	R
Milano real	R	R	R	R	R	R	R	R	R	R	R	R
Milano negro			V	V	V	V	V	V				
Buitre leonado	R	R	R	R	R	R	R	R	R	R	R	R
Buitre negro	R	R	R	R	R	R	R	R	R	R	R	R
Alimoche común			V	V	V	V	V	V	V			
Quebrantahuesos	R	R	R	R	R	R	R	R	R	R	R	R
Halcón peregrino	R	R	R	R	R	R	R	R	R	R	R	R
Cernícalo vulgar	R	R	R	R	R	R	R	R	R	R	R	R
Cernícalo primilla			V	V	V	V	V	V	V			
Esmerejón	I	I	I							I	I	I
Alcotán europeo				V	V	V	V	V	V			
Águila pescadora	I	I	R	R	R	R	R	R	R	I	I	I
Elanio común	R	R	R	R	R	R	R	R	R	R	R	R
Cernícalo patirrojo			P						P			
Halcón de Eleonora					V	V	V	V	V	V		

Residente todo el año
Residente en verano
Residente en invierno
En paso

LOS SENTIDOS

LA VISTA

Destaca sobre cualquier otro. La visión de las rapaces diurnas es mucho más precisa y compleja que la humana y esto les proporciona grandes ventajas.

La retina es una membrana interior del ojo, formada por varias capas de células, que recibe las imágenes y a través del nervio óptico las envía al cerebro. En el hombre en el centro del polo posterior de la retina se encuentra una pequeña área llamada mácula que es la más importante a nivel visual. Dentro de ella hay una zona más pequeña llamada fóvea central. Las células más especializadas de la retina son los conos y los bastones y son las responsables de nuestra visión. Los conos son las únicas células que se encuentran en la fóvea y su número desciende conforme nos acercamos a la periferia. Estos se encargan de la discriminación de los colores y son responsables de la agudeza visual (la visión más nítida y detallada). En el resto de la retina existen otras células fotoreceptoras llamadas bastones, que se encargan de la visión en la oscuridad y del campo visual (visión periférica), así como de la detección de los movimientos. Sin embargo, las rapaces diurnas tienen conos en gran parte de la retina y por tanto más nitidez en todo el campo visual. Además esto les permite captar el espectro ultravioleta y por tanto apreciar muchos matices de colores que nosotros no percibimos. El busardo ratonero tiene una especial concentración, unas 5 veces más que el humano, de conos en las fóveas lo que le proporciona una agudeza visual extraordinaria.

Otra diferencia anatómica sustancial con otros mamíferos y aves es que en cada ojo poseen dos fóveas en lugar de una: una lateral y otra central. Por tanto tienen tres campos, dos laterales con visión monocular independiente que les permite tener un amplio campo periférico. Y uno anterior con visión binocular combinada que les permite apreciar perfectamente las distancias y el relieve. Detalle muy importante en aves como el Águila Culebrera donde la caza de presas peligrosas requiere una precisa estimación de las distancias.

La posición de los globos oculares en la cara de las rapaces es más lateral, y por ello el campo visual es más amplio. Los ojos están como anclados en las cuencas oculares y por tanto son inmóviles, de ahí el movimiento constante de la cabeza de estas aves. Sin embargo, su cuello es flexible y esto les permite girar muchos grados la cabeza.

El ojo de las rapaces presenta, además de los dos párpados, una tercera membrana semitransparente llamada nictitante. Mientras que aquellos se mueven hacia arriba y hacia abajo, esta se mueve horizontalmente de adentro hacia afuera. Su función es lubrificar y limpiar la superficie ocular, y protegerla de las agresiones.

Por otra parte los globos oculares, así como los centros nerviosos ópticos son muchísimo mayores en proporción al volumen craneal, y esto les confiere también mayor agudeza visual. Esto se pone especialmente de manifiesto en el Halcón Peregrino.

También son casi un 50 % más rápidas que el ser humano en la apreciación de dos imágenes visuales.

El oido

De las rapaces diurnas es similar al nuestro. Se abre por un orificio pequeño ambos lados de la cabeza y está tapizado por unas plumillas específicas, las coberteras auriculares, controladas muscularmente para dirigir los sonidos al canal auditivo.

El equilibrio está muy desarrollado.

Algunos Aguiluchos presentan un disco facial similar al de las rapaces nocturnas que les proporciona un magnífico oído y les permite cazar sobre vegetación tupida en vuelo rastreo.

El olfato y el gusto

Los orificios nasales, llamados narinas, se encuentran sobre un abultamiento llamado cera encima del pico.

Existen pocos estudios al respecto, aunque se sabe que van relativamente asociados.

El tacto

Está especialmente representado en las finas plumas, las vibrisas, de alrededor de la cera y de los ojos.

Sentido magnético

Tienen este sentido relacionado con la orientación. Un claro ejemplo son las águilas calzadas que vienen a su nido de la Península Ibérica todos los años después de la invernada en África.

El plumaje

El plumaje no solo permite el vuelo, sino que protege la piel, es una defensa ante las radiaciones, mantiene al ave caliente y seca, y le da forma y colorido.

Debemos familiarizarnos con la terminología del plumaje. Las plumas tienen estructuras muy complejas. Existiendo cuatro tipos, cada una diseñada para realizar una función distinta.

El **plumón** es fino, suave, cálido y forma la capa aislante interna.

Las **plumas del cuerpo** dan contorno al cuerpo y son más recias que las anteriores. Proporcionan una cobertura aerodinámica. Las rémiges están cubiertas por otras plumas también asimétricas, pero más cortas, llamadas coberteras, que de delante a atrás se llaman pequeñas, medianas y grandes. Supracoberteras en la parte superior e infracoberteras en la inferior.

Las **rémiges** son las plumas de las alas. Son plumas largas, rígidas y asimétricas. Proporcionan la sustentación y la maniobrabilidad. Estando en número constante por ala: 10 primarias, unidas a la mano, y 13-16 secundarias (en algunos casos más), unidas al antebrazo. Las terciarias están unidas al brazo interno, junto al cuerpo.

Las **rectrices** (timoneras) son las plumas simétricas de la cola. Están en número de 12, salvo en los buitres que son 14.

Se llaman plumas de vuelo al conjunto de las rémiges y las rectrices.

Los tarsos están desnudos (patas) en la mayoría de las rapaces diurnas en España, aunque con algo de calzón. Sin embargo, algunas aves de la familia de los accipítridos, como las auténticas águilas y los quebrantahuesos, tienen los tarsos cubiertos de plumas (pies).

Algunos buitres que meten la cabeza y cuello dentro del animal muerto suelen tener estas partes solo cubiertas de un fino plumón.

Las plumas están compuestas por queratina. La melanina es el pigmento más común, le da color oscuro y resistencia, por ello las primarias, que son plumas de gran esfuerzo en el vuelo y de especial desgaste, son negras.

El colorido de las rapaces, aunque hermoso, está destinado a pasar desapercibido y, por tanto, en general es discreto. Suelen ser más oscuras por encima y más claras por la parte inferior.

Existe un desgaste natural importante. Conservar el plumaje en perfecto estado es fundamental para ejecutar correctamente el vuelo de caza. Las rapaces pasan mucho tiempo con el arreglo o cuidado del plumaje y esto requiere limpiarse, peinarse, aceitarse, bañarse y solearse.

Encontramos dimorfismo sexual en cuanto al color del plumaje en bastantes rapaces. También en unas pocas especies existe polimorfismo, es decir, tiene dos o más coloraciones llamadas fases.

El plumaje está perfectamente adaptado al tipo de vuelo. Así, aquellos que prefieren para la caza los espacios abiertos, como los halcones, tienen alas largas, estrechas y puntiagudas. Los que necesitan maniobras rápidas entre la espesura, como los azores y gavilanes, tienen alas cortas y anchas y cola larga que les sirve de guía. Los veleros, como los buitres, águilas y aguiluchos, tienen alas largas y anchas.

La muda

Es el recambio de las plumas como fenómeno vital anual. En él se pierde algo de capacidad de vuelo y se derrocha energía. Por tanto, se suele llevar a cabo en una época muy concreta y de forma regular, normalmente, al finalizar la época de reproducción. Si es el macho quien caza, la hembra suele empezar la muda mientras incuba; y aquel la empieza cuando esta puede colaborar en el aporte de alimentos. En las especies migratorias, si no está terminada cuando empiezan los desplazamientos, se detiene hasta llegar a los cuarteles de invierno.

Generalmente, la muda corporal precede a la de las plumas de vuelo. Esta es simétrica en ambas alas y en ambas mitades de la cola, siguiendo un patrón bastante predecible.

Dimorfismo sexual inverso (DSI)

Expresado en un porcentaje cúbico para compensar, de alguna manera, las medidas lineales y englobar el volumen o peso.

La media de las longitudes alares de ambos sexos se elevan al cubo. Y el resultado del macho se expresa en porcentaje (%) del de la hembra (que sería el 100 %):
• Menos de 75 %: hembra mucho mayor que el macho.
• 75 %-85 %: hembra ostensiblemente mayor que el macho.
• 85 %-95 %: hembra algo mayor que el macho.
• Más de 95 %: hembra similar en tamaño al macho.

Se puede decir que en las rapaces diurnas el DSI está relacionado con el tipo de presas o su especialización alimentaria; y con los roles en el periodo de cría.

En general, en relación a la agilidad aérea para capturar a sus presas, podríamos señalar de menor a mayor dimorfismo y por tanto con un porcentaje de mayor a menor:
• Las rapaces que se alimentan de carroña y las que cazan a pie a sus presas.
• Las rapaces que sus presas son insectos terrestres y las suelen cazar al acecho desde oteaderos.
• Las rapaces que se alimentan de insectos voladores, reptiles y anfibios.
• Las rapaces que cazan vertebrados terrestres y los capturan en vuelo cernido.
• Aquellas que sus presas son peces, las que capturan mamíferos terrestres o las que cazan aves en el suelo.
• Las rapaces que capturan aves en vuelo.
• Las rapaces más pequeñas cuya caza depende de la habilidad aérea.

También en general, en cuanto a los papeles de los padres en la cría podemos señalar:
• Los machos marcan el territorio y cazan aportando los alimentos en los periodos de cortejo, puesta, incubación y primera parte de la cría de los pollos. Las ventajas de un macho pequeño son: necesita poco alimento para él, al ser sus presas más pequeñas existirá más variedad y podrá capturarlas con más frecuencia, hecho de importancia cuando los pollos son pequeños.

• Las hembras defienden el lugar de nidificación, incuban, desmenuzan las presas, protegen y ceban a los pollos. Una hembra mayor será capaz de defender la nidada.

Mi agradecimiento,

a Santiago Osácar por su colaboración con sus excelentes dibujos y pinturas.

a Javier Marco por su afectivo prólogo.

a la editorial PRAMES, por su confianza, y, a Blanca Cortés por su entrega en el diseño y maquetación de la obra.